美硕

美锦

早红 2 号

瑞蟠 3 号

早黄蟠桃

晚蜜去袋 6 天后着色状

美帅结果状

美锦结果状

桃树人工授粉

桃园种植白三叶草

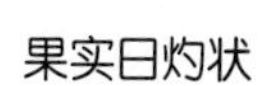

果实日灼状

褐腐病危害果实状

绿盲蝽为害新梢和叶片状

苹小卷叶蛾为害叶片状

梨小食心虫幼虫为害新梢状

蚜虫为害新梢状

果树周年管理技术丛书

桃周年管理关键技术

主　编

马之胜　贾云云

编著者

马之胜　贾云云　王越辉

孙玉柱　张金梅　武志坚

张宪成

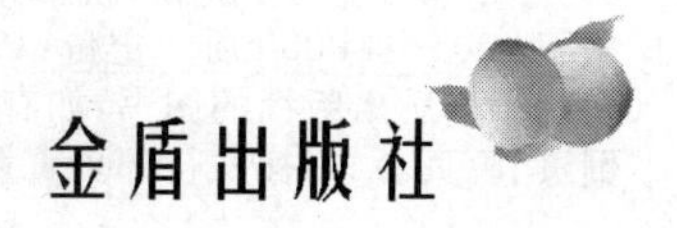

金盾出版社

内 容 提 要

本书是“果树周年管理技术丛书”的一个分册，主要内容包括概述、优良品种、萌芽期至开花期的管理、坐果后至硬核期的管理、新梢旺盛生长期至果实成熟前的管理、果实成熟期的管理、果实采收后至落叶前的管理、休眠期管理和设施栽培等。书后附有桃园周年管理工作历和桃无公害病虫防治工作历，便于查阅。本书内容丰富，科学实用，可供广大果农、基层果树技术人员及有关院校师生阅读参考。

图书在版编目(CIP)数据

桃周年管理关键技术/马之胜，贾云云主编．— 北京：金盾出版社，2012.6(2019.1 重印)
(果树周年管理技术丛书)
ISBN 978-7-5082-7496-6

Ⅰ.①桃… Ⅱ.①马…②贾… Ⅲ.①桃—果树园艺 Ⅳ.①S662.1

中国版本图书馆 CIP 数据核字(2012)第 033624 号

金盾出版社出版、总发行
北京市太平路 5 号(地铁万寿路站往南)
邮政编码:100036 电话:68214039 83219215
传真:68276683 网址:www.jdcbs.cn
北京天宇星印刷厂印刷、装订
各地新华书店经销
开本:850×1168 1/32 印张:6.875 彩页:4 字数:158 千字
2019 年 1 月第 1 版第 3 次印刷
印数:11 001～14 000 册 定价:19.00 元

桃树原产于我国，是目前世界上最重要的核果类果树。它具有适应性强、种类多、用途广、易栽培管理、果实色泽鲜艳、营养丰富及适口性好等特点，受到人们的普遍喜爱。

我国是世界产桃最多的国家。据统计，2009 年我国桃树面积已达 80.27 万公顷，产量达 852.93 万吨，比 2008 年分别增长了 2.53％和 2.4％，分别占世界桃总面积和总产量的 48.5％和 45.9％。我国虽然为桃生产大国，但不是桃生产强国，与先进国家相比，产量和品质仍存在一些差距，亟须得到改善和提高。

笔者结合多年在桃树上的研究成果和实践经验，并参考前人的成果编写了此书。全书共分为九章，内容包括：概述、优良品种、萌芽期至开花期的管理、坐果后至硬核期的管理、新梢旺盛生长期至果实成熟前的管理、果实成熟期的管理、果实采收后至落叶前的管理、休眠期管理和设施栽培。全书以物候期为顺序，以栽培管理技术为主线，提出了每个时期的具体管理措施。为了让果农养成随时记录的习惯，便于以后总结经验，增加了建立果园档案的内容。本书内容丰富，通俗易懂，实用性强，便于操作，可供广大果农、基层果树技术人员及有关院校师生阅读参考。

在编写过程中，参考了大量图书和期刊，在此对相关编著者表示衷心的感谢。由于时间仓促，水平有限，不当之处在所难免，恳请广大读者批评指正。

编 著 者

通信地址：河北省农林科学院石家庄果树研究所
邮政编码：050061
Email：mazhisheng2@yahoo.com.cn
咨询电话：13832109682

目 录

第一章　概　述

桃树原产于我国，是重要的核果类果树，在核果类果树总产量中名列第一，是我国第四大果树，同时也是北方第三大落叶果树。桃树具有栽培管理容易、结果早、见效快、效益高的特点，近几年发展较快，各地先后涌现出了一批桃生产专业县、乡和村，在促进农民增收、发展农村经济及新农村建设中发挥了重要作用。当然桃生产中还存在一些问题，需要我们不断总结经验，在实践中不断提高桃产业水平。

一、桃树的特点和发展桃生产的意义

(一)桃树的特点

桃树具有如下特点：

第一，喜光性强。这是最显著的特点，也是最基本的特点。桃树原产于我国西北海拔高、光照强、雨量少的干旱地区，在这种自然条件影响下，形成了喜光和对光照敏感的特性。叶片、果实和枝条对光照均较敏感。叶片光照不足，会变薄、变小、变黄，影响光合作用。果实光照不足，导致着色差，品质劣。即使对于容易着色的品种，内膛果虽然着色面积也较大，但其内在品质往往也较差。如果枝条长时间光照不足，枝条会变得细弱，花芽发育不饱满，严重时会枯死。针对这一点，树体留枝量不宜太大。当然如果留枝过少，导致枝干和果实全部裸露或向阳面受日光强烈照射，容易引起日灼。

第二，年生长量大。桃树萌芽率高，成枝力强，新梢1年可抽生2～4次副梢，年生长量大，树冠形成快。这是早果丰产的基础。但也易于导致徒长和树体郁闭。这是种植密度不宜过大和要加强夏季修剪的原因。

第三，花芽形成容易，花量大，不易形成大小年。桃树各种类型果枝均可形成花芽，包括徒长性果枝上也有较多花芽。桃树不易形成大小年，但是当结果过多时，树势易衰弱，南方地区可加重流胶，北方土壤pH较高地区易引起黄化，有时不可逆转。

第四，各种果枝均可结果，但不是所有的枝条都可结出优质果实。在水平枝或斜生枝上坐果较好，某些品种在较细的果枝上，更易长成较大的果实。这要求在进行修剪时，要依据不同品种特点，培养适宜的结果枝。

第五，桃树花器的特殊性。桃树的花有2种类型，一种是花中有花粉，另一种是花中无花粉。有花粉的品种坐果率高，无花粉的品种坐果率相对较低，需要配置授粉品种和人工授粉。另外，在无花粉品种中，坐果具有不确定性，也就是在给无花粉品种指定的花授粉时，不是授过粉的花都可以坐果。有花粉和无花粉品种坐果的不确定性决定了在确定修剪留枝量时，要适当增加无花粉品种的留枝量。

第六，剪锯口不易愈合，并且是病虫入侵的入口。桃树修剪造成的大剪锯口不易愈合，剪锯口的木质部很快干枯，并干死到深处。因此，修剪时力求伤口要小而平滑，及时涂保护剂，以利于尽快愈合。对于大的伤口要进行包扎。常用的保护剂有铅油、油漆、接蜡等。

第七，对某些环境或化学物质较敏感。桃树对水分较敏感，不耐涝，忌重茬，对某些农药和肥料(如氮肥)也较敏感等，有时能引起黄叶、落叶、落果及其他生理障碍。在施用新型肥料或农药时，

应先做小型试验，再大面积应用。

第八，桃树的冻害多表现在主干或主枝上，花芽冻害发生较少，也较少发生抽条。某些品种主干和主枝抗寒性较差，易发生冻害，花芽的冻害多见于无花粉品种的僵芽。

第九，桃树根系较浅。与苹果、梨和杏等北方水果相比，桃树的根系分布较浅，主要分布在地下20～50厘米，这与土壤质地有关。同时由于根系浅，易受到外界环境条件和耕作的影响，使根系受到伤害。根系受到伤害又会影响地上部的生长发育。

第十，种类多，用途广。生产中主栽品种较多，鲜果供应期长。桃树有鲜食、加工、观赏桃三大类，鲜食桃还可分为普通桃、油桃、蟠桃、油蟠桃，各个类型中还有白肉与黄肉之分。果实不耐贮运，为了满足市场供应，必须栽植不同成熟期的品种，以保证每个时间段都有品种成熟，供应市场，为此主栽品种较多，生产中主栽桃品种接近100个。目前，果实供应期露地栽培为5～11月份，设施栽培为3～5月份，延迟栽培为11～12月份或翌年1月份。

另外，桃树还有易流胶等特点，在制订栽培技术措施时要引起注意。

(二)发展桃生产的意义

在我国发展桃生产的意义如下：

第一，满足人们对新鲜优质果品的需求。随着人们生活水平的不断提高，水果消费已成为人们日常生活中的必需品。在大中城市，尤其对无公害果品的需求量呈现增长趋势。桃果实芳香可口，甜酸适度，适于各年龄段的人食用。

第二，发展桃是农村重要的支柱产业。桃树已由小杂果发展成为一个大宗树种。在我国水果业中位居第四，在北方落叶果树中位居第三，仅次于苹果和梨，在农村经济中发挥着重要作用。桃专业生产县、乡和村已大量涌现，已成为当地的主要经济来源。

第三，桃鲜食品和加工品可出口，换取外汇。中国鲜桃在国际贸易中所占份额较小，2008 年中国鲜桃出口量仅占世界出口量的 1.67％。2008 年中国出口鲜桃 2.62 万吨，出口额为 1.17 千万美元。主要出口对象是俄罗斯、哈萨克斯坦、越南和我国澳门等国家和地区。2007 年我国桃罐头、桃汁、制干、果脯蜜饯等出口数量为 14.85 万吨，出口额达到 12.85 千万美元，占世界桃加工品出口额的 14.37％，位居第二。

第四，桃树在观光果园中发挥着越来越大的作用。观光农业是将农业景观转化为旅游景观的一种新型农业，它不同于以往的农业生产，也不同于传统的旅游业，是一种现代农业与旅游业相结合的新型旅游业。观光果园是果园的发展，是公园的派生，是果园的公园化，是果园与公园的有机结合。近年来，“桃花节”、“蟠桃会”、“采摘节”的勃然兴起，为桃树业注入了新的生机和活力，传统的桃文化与现代的品种、栽培模式的交汇，使得观光桃园成为观光果园的重要组成部分。

二、桃生产现状与发展趋势

(一)我国桃生产现状

近十几年来，我国桃生产表现出如下特点：

第一，栽培面积和产量成倍增长，栽培区域明显扩大。据统计，1996 年我国桃树面积为 28 万公顷，产量 232.2 万吨，比 1983 年分别增长了 5 倍和 5.8 倍。我国桃的总产量由 1989 年的世界排名第六位，至 1994 年跃居世界第一位，1996 年占世界桃总产量的 22.3％。到 2009 年，我国桃树栽培面积和产量分别为 80.27 万公顷和 852.93 万吨，栽培面积是 1996 年的 2.87 倍，总产量是 1996 年的 3.67 倍。

在区域方面逐渐扩大，我国共有27个省、市种植桃树，四川、湖南、湖北、云南、福建和广西等地正在大力发展桃树。产量排前10名的分别为山东、河北、河南、湖北、辽宁、陕西、江苏、北京、浙江、安徽。福建、广西和云南的种植面积分别为2.68万公顷、1.67万公顷和2.22万公顷。

第二，品种趋于多样化。近几年我国在桃品种选育方面取得了较大成绩，培育出一系列桃、油桃、蟠桃和油蟠桃新品种。在普通桃中，白肉水蜜桃仍占主导地位，不溶质桃（如仓方早生、秦王、八月脆、红岗山等）呈发展趋势，随着鲜食黄肉桃新品种的培育和推广，鲜食黄肉桃正在被消费者所接受。近几年，随着油桃新品种不断培育及油桃无毛的优越性得到消费者的认可，油桃发展较为迅速。蟠桃面积也在不断扩大，产量不断增加。虽然油蟠桃新品种推出时间较短，但已吸引了消费者的"眼球"，满足了多样化需求，种植者表现出较大兴趣。随着桃加工品尤其是罐头制品出口量的增加，呈现出较好的发展势头，新增加了一批加工黄桃生产基地。

第三，栽培方式向集约化迈进。经过十几年的发展，设施栽培已接近饱和，不宜再扩大规模，主要是提高品质和进一步延长其供应期。

第四，桃园生草和覆盖技术开始得到应用。桃园生草和覆盖技术的生态和培肥土壤的效应已显现，生产绿色果品和有机果品的桃园已将这两项技术列为主要管理措施。

第五，桃树非化学防治技术所占比例越来越大，果品安全性不断提高。随着果品安全意识增强，桃园非化学防治技术（农业防治、物理防治和生物防治）正在被广泛应用。一批绿色桃果品得到认证，有机桃园在经济发达地区开始栽培试验。

（二）桃生产发展趋势

依据我国桃生产现状，我国桃品种应向区域化、多样化和特色化迈进，果实应向绿色化、优质化和品牌化转变，栽培应向规模化、

标准化和集约化靠拢。主要表现在以下几个方面：

第一，由“掠夺式经营”转向可持续发展，建设生态桃园。桃树的生长发育不仅与营养有关，而且与它所处的环境条件有关。尤其现在生态环境遭到一定程度破坏、自然灾害经常发生的情况下，好的环境条件就显得非常重要。生态桃园应做到：一是种养结合，种桃和养殖相结合，粮（草）—养殖—沼气—果，实现物质多层次增值利用。二是与种草结合，种桃和种草相结合——桃园生草制。这样既改善了环境条件，又可不断地向桃树提供大量有机质，实现能量平衡。

第二，由重视树上管理转向重视土壤管理，为浅层根系创造一个极为优良的环境条件。果树根系的主要活动区域是浅层根系，它对花芽的形成及果品质量起着决定性的作用，而且与果树开花坐果、果实发育密切相关的钾、锌、硼等元素靠表层根吸收。由于春旱、夏热、冬寒等恶劣的气候条件，常造成表层地温和水分条件的不稳定。为了生产无公害果品，实现高产、优质，必须为根系创造良好的土壤环境条件，使桃树根系处于温湿度相对稳定、腐殖质含量高的环境之中。

第三，由“单位面积产量”转向以“单果”为单位进行管理，也就是由“产量型”转向“质量型”。过去人们常说每667米^{2}产多少果实，而对每株树有多少个果不知道，每667米^{2}桃树上有多少个果也不知道，只是靠数量取胜，这样易造成商品果率低。如果强化以单果进行管理，那么就会对每个果像爱护自己的眼睛一样去爱护它，商品果率自然就会很高。

第四，由仅重视品种转向同样重视栽培技术。有了好品种，并非万事大吉。要使一个品种的优良特性充分体现出来，需要人们的精心管理，如合理整形修剪、土肥水管理、花果管理和病虫害防治等，也就是人们常说的“三分种，七分管”。

第五，把有污染果品转向无公害果品、绿色果品、有机果品的

生产。我国在20世纪90年代,开始重视保护环境,提出了加强绿色食品的生产。2001年由农业部组织实施了“无公害食品行动计划”,2002年农业部和国家质检总局颁布了《无公害农产品管理办法》,推动了无公害农产品健康发展。1994年,国家环保总局在南京成立有机食品中心,标志着有机农产品在我国迈出了实质性的步伐。2001年6月发布实施《有机食品认证管理办法》。到目前剧毒农药已禁止生产和使用,有节制地使用中等毒性农药,优先采用植物源类制剂、微生物源制剂(活体)、农用抗生素类、昆虫生长调节剂、性信息引诱剂类、矿物源制剂等,目前,大部分果品达到了无公害果品的要求。绿色果品已有一定规模,并得到了消费者的认同。有机果品正处于起步阶段。

三、我国桃生产存在的问题及主要对策

(一)目前生产上存在的主要问题

目前生产上存在的主要问题有如下几点:

第一,区域化程度不够。没有摸清每个品种的最适生态区,对某一地区最适合发展什么品种也没有进行深入细致的研究,导致在发展中盲目引种栽培,一些地区出现了“栽了刨,刨了栽”的现象。

第二,果品质量差。原因有很多,主要有以下几个方面:一是种植密度和整形修剪。一些地区由于种植密度过大,尤其是行间距过小,冬季修剪时留枝量多,夏季修剪不及时,导致冠内枝量大而郁闭。没有按品种特点和年龄时期特点进行修剪。二是留果量过多。由于一味追求产量,造成果个小、着色差、风味淡等。三是不重视树下管理,土壤肥力不足。有机肥施用量少,化肥施用量大。磷、钾肥施用量少,氮肥施用量大。施肥时期和方法不正确。四是重化学防治,轻农业、物理和生物防治。部分地区对病虫害主

要依靠化学防治，对农业、物理和生物防治重视不够。

第三，品种结构不合理。主要表现为早熟品种比例大，晚熟品种比例小。专用加工品种比例小，特别是制汁和制罐品种。鲜食黄肉桃、优质蟠桃和优质油桃比例小。

第四，土壤有机质含量不足，树体和果实生理性病害越来越重。目前我国桃园土壤有机质含量在1%左右，与国外的3%～5%相差甚远。主要表现产量的增加要靠施入大量的化肥，而且叶片黄化等较为严重，已影响到果实的商品价值和树体寿命。

第五，技术操作不细致、不到位。

第六，良种繁育体系不健全，苗木市场混乱。导致品种良莠不齐，病虫害蔓延，大量劣质品种苗木投向市场，给生产带来巨大损失。

(二)主要对策

第一，发挥资源优势，加强品种区域化研究。开展品种区域化研究，尤其是对新培育的品种要进行多点试验，确定每个品种的最适生态区及某一地区最适宜发展的品种。

第二，调整品种结构，注重多样化、优质化和特色化。适当发展油桃、蟠桃，增加花色品种。减缓发展早熟品种，适度加大晚熟品种的栽培面积。增加黄肉鲜食桃的栽培面积。稳定加工专用品种的栽培面积。

第三，加强苗木管理，规范苗木市场。农业有关部门不仅要加强新品种的审定工作，规范品种名称，还应将品种和苗木纳入法制化管理，避免果农重复引种和引进经济效益低的品种，以减少经济损失。

第四，加大科技投入，普及推广桃树管理新技术。主要包括合理密植、科学修剪和适量留枝留果。加强地下管理，重视有机肥和磷、钾肥的施用。搞好花果管理和病虫害防治，提高果实质量，生产无公害果品。

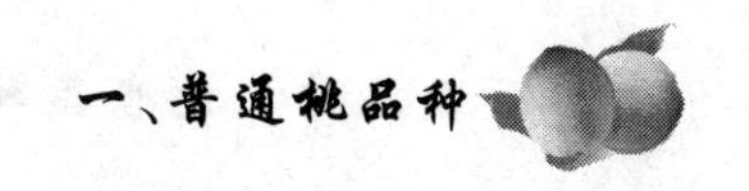

第二章 优良品种

品种是桃生产中最基本的生产资料。品种选择的正确与否，直接关系到将来能否获得高的效益。选择适宜优良品种一直是人们普遍关心的热点问题。目前培育出的品种很多，但是没有十全十美的品种，对于一个品种要一分为二地看待，根据当地的实际情况，选择适宜的品种。

一、普通桃品种

普通桃品种主要是指果实有毛、果形圆形或近圆形的白肉或黄肉桃品种，它包括水蜜桃、硬肉桃及其相互杂交育成的品种。

普通桃在我国栽培面积最大，也是我国培育历史最长、培育品种最多的类型。我国普通桃育种历史有40余年，培育出了一批普通桃品种，其性状完善程度远远好于油桃和蟠桃。

普通桃品种主要优点：一是数量最多，成熟期基本配套，选择余地较大。二是果个较大。三是品质较好，风味较甜。四是劣质性状相对较少。

（一）早熟和极早熟品种

1. 早霞露

（1）品种来源　由浙江省农业科学院与杭州市果树研究所合作，用砂子早生作母本、雨花露作父本进行杂交培育出的特早熟桃新品种。

(2)物候期　在石家庄地区,3月中下旬萌芽,4月上中旬开花。果实5月底成熟,果实发育期50～55天。

(3)果实性状　果实近圆形,平均单果重90克,最大果重126克。果顶微凹,缝合线浅,两半部较对称。果皮底色浅绿白色,60%以上果面着红色。茸毛稀疏,外观美丽。果肉乳白色,肉质柔软,汁液较多,风味较甜,可溶性固形物含量9%～11%,品质较好。黏核。

(4)生长结果习性　树势中庸,树姿半开张。复花芽多,长果枝花芽起始节位为第二至第三节。花为蔷薇形,雌蕊与雄蕊等高,花粉量多,坐果率高,丰产性强。

(5)栽培要点　一是重施基肥。由于成熟期极早,应重视秋施基肥,每株最好施用50千克以上,如有条件,适当增施饼肥效果会更好。二是加强疏果。在谢花后15天,幼果大小分明时,应及时进行疏果。三是及时防治病虫害。

(6)综合评价　早霞露在石家庄地区5月底成熟,正值水果淡季上市,售价高,经济效益明显,且管理方便,喷药次数少,管理成本低,同时成熟期早,树体恢复快。与同期成熟的品种比较,早霞露表现果个较大,风味较浓,果核不碎裂,食用方便,深受消费者的欢迎。

2. 早　美

(1)品种来源　由北京市农林科学院林业果树研究所,于1981年以庆丰为母本、朝霞为父本杂交育成的极早熟白肉桃品种,1994年命名。

(2)物候期　在石家庄地区,3月中下旬萌芽,4月上中旬盛花,5月底至6月上旬成熟,果实发育期50～55天。

(3)果实性状　果实近圆形,平均单果重97克,最大果重168克。果顶圆,缝合线浅,两侧较对称。色泽鲜艳,果皮底色黄绿色,果面1/2至全面着玫瑰红色细点或晕,茸毛短。果肉白色,近核处与果肉同色，硬溶质，成熟后柔软多汁，风味甜，可溶性固形物含量8.5%～10.5%。黏核。

(4)生长结果习性　树势强健，树姿半开张。各类果枝均能结果，花芽起始节位为第一至第二节。花蔷薇形，花粉多，丰产性强。

(5)栽培要点　加强疏花疏果，增施有机肥，适时采收。

(6)综合评价　早美为极早熟桃品种之一。颜色红，果个硬度较大，品质优，为广大种植者和消费者所喜欢。

3. 京　春

(1)品种来源　由北京市农林科学院林业果树研究所，于1974年利用早生黄金自然杂交种子选育而成。

(2)物候期　在石家庄地区，3月中下旬萌芽，4月上中旬盛花。6月10～12日果实成熟，果实发育期62～66天。

(3)果实性状　果实近圆形，平均单果重126克，最大果重178克。果顶平，缝合线浅。果皮底色绿白色，果实近全红，茸毛较少，不易剥离。果肉白色，硬溶质，味甜，成熟后柔软多汁，可溶性固形物含量9.5%～10%。黏核。

(4)生长结果习性　树势中庸，树姿半开张。复花芽多，花芽起始节位为第二节，长、中、短果枝均能结果。花为蔷薇形，花粉量多，丰产性强。

(5)栽培要点　及时做好疏果，增大果个。

(6)综合评价　京春为早熟优良鲜食品种，果实大而圆正，着色好，品质好，丰产，耐贮运。

4. 玫瑰露

(1)品种来源　由浙江省农业科学院园艺研究所，以砂子早生为母本、雨花露为父本杂交育成的早熟桃品种。

(2)物候期　在石家庄地区，3月中下旬萌芽，4月上中旬盛花，果实成熟期6月18日左右，果实发育期64～69天。

(3)果实性状　果实近圆形，平均单果重165克，最大果重

207克。果顶平凹,缝合线浅,两半部对称。果皮底色乳白色,50%至全面着玫瑰红色,外观美丽,易剥皮。肉质柔软,略有纤维,味较甜、汁多,有香气,可溶性固形物含量10%~12%。黏核。

(4)生长结果习性 树势强健,树姿较开张。复花芽多。长、中、短果枝均能结果。花为蔷薇形,花粉量多,自花结实率高,丰产性强。

(5)栽培要点 一是严格疏花疏果,提高果实品质。二是枝量不宜过大,采收后及时搞好夏季修剪。

(6)综合评价 玫瑰露是集早熟、果个大、着色好、品质优和丰产于一体的早熟桃品种,果实硬度、颜色和品质均优于雨花露。

5. 雪雨露

(1)品种来源 由浙江省农业科学院园艺研究所,以白花水蜜为母本、雨花露为父本杂交育成的早熟水蜜桃新品种。

(2)物候期 在石家庄地区,3月中下旬萌芽,4月中旬盛花,6月下旬果实成熟,果实发育期75~78天。

(3)果实性状 果实圆形,平均单果重198克,最大果重355克。果顶平或稍凹,缝合线浅,两半部对称。果皮底色浅绿白色,果实着色面积达60%以上,外观美丽。果皮厚,不易剥离。果肉白色,肉质较硬,纤维少,汁液较多,风味浓甜,可溶性固形物含量11%~14%。黏核或半离。无裂果和采前落果。

(4)生长结果习性 树势中庸,树姿半开张。枝条节间短,成枝力强。复花芽多,花芽起始节位为第二至第三节。各类果枝均能结果。花为蔷薇形,花粉量大,坐果率高,极丰产。

(5)栽培要点 一是及时疏果,控制产量。二是搞好夏季修剪,提高果实品质。三是注意增施有机肥。

(6)综合评价 雪雨露是早熟品种中鲜食品质最佳的品种之一,果个大,色艳,味甜,易栽培管理,坐果率高,抗逆性强。

6. 美 硕

（1）品种来源　由河北省农林科学院石家庄果树研究所从京玉实生苗中选育而成。

（2）物候期　在石家庄地区，3月中下旬萌芽，4月上中旬盛花，6月下旬成熟，果实发育期75天左右。

（3）果实性状　果实近圆形，平均单果重237克，最大果重387克。果顶凹入，缝合线浅，两半部对称。果皮底色黄绿色，果面着鲜艳红色，着色面积达70%以上。外观美丽，果皮中等厚，韧性大，不易剥离。果肉白色，近核处无红色。汁液中等，纤维中等，风味甜，可溶性固形物含量12.6%左右。果实硬度较大，较耐贮运，无裂果。黏核或半离核。

（4）生长结果习性　树势中庸，树姿半开张。幼树生长快，萌芽率中等，成枝力强。花芽起始节位低，花芽形成良好，复花芽多。长、中、短果枝均可结果，以健壮中、短果枝结果为好。花蔷薇形，花粉量大，自花结实率高，丰产性强。

（5）栽培要点　一是搞好疏花疏果，增施磷、钾肥，提高果实品质。二是加强夏季修剪。

（6）综合评价　美硕的主要特点是将大果、早熟和优质三者有机地结合在一起，果实个大，颜色鲜艳，外观美丽，鲜食品质好，有花粉，丰产性强，是一个优良的早熟品种。

7. 春 美

（1）品种来源　由中国农业科学院郑州果树研究所，以桃杂种单株89-3-16为母本、半矮生油桃单株SD 9238为父本杂交育成的早熟、全红、大果型桃新品种。

（2）物候期　在郑州地区，正常年份3月上旬开始萌动，3月底至4月初开花，花期5～7天。果实6月18日开始成熟，6月23日左右完全成熟，果实发育期约82天。

（3）果实性状　果实椭圆形或圆形，单果重165～188克，最大

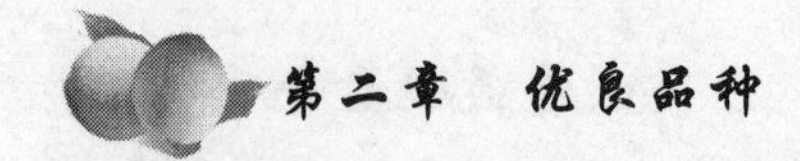

果重 310 克以上。果顶圆，缝合线浅而明显，两半部较对称，成熟度一致。果皮茸毛中等。果皮底色绿白色，大部分或全部果面着鲜红色或紫红色。果皮厚度中等，不易剥离。果肉白色，纤维中等，汁液中等，硬溶质，果实成熟后留树时间可达 10 天以上。风味甜，有香气，可溶性固形物含量 11%～14%。黏核。多年观察未发现裂果现象。

(4)生长结果习性　树势中等，树姿较开张。花芽起始节位低，复花芽多。各类果枝均能结果，以中果枝结果为主。花蔷薇形，花粉量大，自花结实率高，丰产性强。

(5)栽培要点　一是严格疏果。每 667 米^2 产量控制在 2 000 千克左右。二是适时采收。生产中可待果实充分成熟后再采收。

(6)综合评价　春美主要特点是早熟、硬肉、果个大，有较好的发展前景。

8. 瑞　红

(1)品种来源　由北京市农林科学院林业果树研究所，以大久保为母本、NJN 72 为父本杂交育成的早熟白肉桃品种。

(2)物候期　在北京地区，3 月下旬萌芽，4 月中旬盛花，7 月上中旬果实成熟。果实发育期 83 天左右。

(3)果实性状　果实近圆形，平均单果重 193 克，最大果重 236 克。果形圆整，果个均匀。果顶圆，缝合线浅，梗洼深度中等。果皮底色黄白色，果面近全面着红色，茸毛中等。果皮中等厚，难剥离。果肉黄白色，皮下多红丝，近核处无红色。肉质为硬溶质，汁液多，纤维少，风味甜，有香气，可溶性固形物含量 10%左右。黏核。

(4)生长结果习性　树势中庸，树姿半开张。花芽形成好，复花芽多，花芽起始节位为第一至第二节，各类果枝均能结果，以长、中果枝结果为主。花蔷薇形，无花粉，雌蕊高于雄蕊。

(5)栽培要点　一是配置授粉品种，并进行人工授粉。二是搞好夏季修剪。

(6)综合评价　瑞红果个较大,风味甜,果面近全红,是一个较好的早熟桃品种。

9. 早熟有明

(1)品种来源　来源不详。

(2)物候期　在石家庄地区,3月中下旬萌芽,4月上中旬盛花,7月上旬果实成熟,果实发育期80～90天,采收期长达20天以上。

(3)果实性状　果实扁圆形,平均单果重300克,最大果重460克。果顶凹入,缝合线中,两半部对称。梗洼深而中等宽。茸毛稀、短。果皮底色黄绿色,果面近全红色,十分美丽。果皮厚,不易剥离。果肉白色,内有少量红色素渗入果肉。不溶质,果实硬度特大。风味甜或酸甜,可溶性固形物含量11%～12%。黏核,核小。

(4)生长结果习性　树势强健,树姿半开张。萌芽率和成枝力均强,花芽形成良好,复花芽较多,花芽起始节位为第一至第二节。各类果枝均能结果。花蔷薇形,花粉量大,坐果率高,极丰产。

(5)栽培要点　一是注意疏花疏果,长果枝宜在中上部结果。二是增施磷、钾肥,提高果实品质。

(6)综合评价　早熟有明在早熟桃品种中硬度大,着色鲜艳、美丽,果个大、丰产,是一个优良早熟品种。但特大果有裂核发生。

10. 霞　脆

(1)品种来源　由江苏省农业科学院园艺研究所,用雨花2号为母本、77-1-6[(白花×橘早生)×朝霞]为父本杂交育成的早中熟桃新品种。

(2)物候期　在南京地区,3月上旬萌芽,4月上旬盛花,7月初果实成熟,果实生育期95天左右。

(3)果实性状　果实近圆形,平均单果重165克,最大果重

300 克。果顶圆，两半部较对称。果面茸毛中多，果皮不易剥离，果面 80%以上着玫瑰色晕。果肉白色，不溶质，耐贮运性好，常温下可存放 1 周。风味甜香，可溶性固形物含量 11%～13%。黏核。

(4)生长结果习性　树势中庸，树姿半开张。花芽着生部位低，复花芽多。初结果树以中、长果枝结果为主，进入盛果期后，各类结果枝均结果良好。花蔷薇形，花粉量多，自然坐果率高，丰产性好。采前无落果现象。

(5)栽培要点　一是坐果率高，须合理疏果。二是果实肉质为不溶质，果实成熟后仍然可挂在树上，有较长的采收期，因此可在果实充分成熟后再采收。

(6)综合评价　霞脆的主要优点是果肉肉质为不溶质，耐贮性较好，且品质优良，果实商品率高，具有良好的发展前景。

11. 早　玉

(1)品种来源　由北京市农林科学院林业果树研究所，于 1994 年以京玉为母本、瑞光 3 号为父本杂交育成的早中熟硬肉桃品种。

(2)物候期　在北京地区，3 月下旬萌芽，4 月下旬盛花，7 月中下旬果实成熟。果实发育期 93 天左右。

(3)果实性状　果实近圆形，平均单果重 195 克，最大果重 304 克。果顶突尖。缝合线浅，梗洼深度、宽度中等。果皮底色黄白色，果面 1/2 以上着玫瑰红色。果皮中等厚，不能剥离。果肉白色，皮下有红丝，近核处少量红色。肉质为硬肉，汁液少，纤维少，风味甜，可溶性固形物含量 13%左右。离核，与果肉间空腔小。

(4)生长结果习性　树势中庸。花芽形成好，复花芽多，花芽起始节位为第一至第二节，各类果枝均能结果，幼树以长、中果枝结果为主。花蔷薇形，花粉量大，丰产性强。

(5)栽培要点　一是丰产性强，树势易衰弱，注意增施磷、钾肥。二是合理疏果，提高品质。三是适时采收，过熟后易落果，果肉粉质化，风味品质下降。

(6)综合评价　早玉是目前国内优良的早中熟品种，果个大，风味甜，硬肉，离核，早果丰产，商品性优。

(二)中熟品种

1. 美　锦

(1)品种来源　由河北省农林科学院石家庄果树研究所，以京玉桃为亲本，通过自交培育出的中熟黄肉鲜食桃新品种。

(2)物候期　在石家庄地区，3月中下旬萌芽，4月中旬盛花，花期稍晚。7月中下旬果实成熟，果实发育期约100天，果实采收期长达20天。

(3)果实性状　果实近圆形，平均单果重240克，最大果重290克。果顶圆平，缝合线浅，两半部对称，梗洼中。果皮底色黄色，着50%以上鲜红晕。果肉金黄色，硬溶质，风味甜，可溶性固形物含量12.7%左右。离核。

(4)生长结果习性　树势强健，树姿半开张。结果枝较细，不易分枝。花芽起始节位为第二至第三节，复花芽居多。长、中、短果枝均可结果。花蔷薇形，花粉量大，自花坐果能力强，极丰产。

(5)栽培要点　及时合理疏果，控制负载量。

(6)综合评价　美锦是我国培育的第一个优质、离核、黄肉鲜食、耐贮运的中熟黄肉桃新品种。适应性强，品质佳。

2. 霞晖6号

(1)品种来源　由江苏省农业科学院园艺研究所，于1981年以朝晖为母本、雨花露为父本杂交育成的桃新品种。

(2)物候期　在南京地区，3月上旬萌芽，4月上旬盛花，7月中旬果实成熟，果实发育期约108天。

(3)果实性状　果实圆形，平均单果重211克，最大果重251

克。果顶圆微凹,果面平整,茸毛中等,缝合线浅,两半部较对称,梗洼中等。果皮底色乳黄色,果面大部分着玫瑰色晕。果皮中等厚,易剥离。果肉乳白色,肉质细腻,硬溶质,近核处果肉色泽与果肉同色,纤维中等,汁液中多,有香气,风味甜,可溶性固形物含量12.3%左右。黏核。

(4)生长结果习性　树势中庸,树姿半开张。复花芽多,长、中、短果枝均可结果。花蔷薇形,花粉量大,自然坐果率高,丰产性强。

(5)栽培要点　一是搞好疏果,控制产量。二是加强肥水管理,及时防治病虫害。

(6)综合评价　霞晖 6 号是我国培育的较好中熟桃新品种。风味甜,黏核,果个中大,品质佳。

3. 洒阳红

(1)品种来源　由河北省丰润县林业局在大久保桃园中发现的一优良单株,已通过河北省审定。

(2)物候期　在石家庄地区,3 月下旬萌芽,4 月中旬盛花,花期较晚,7 月中下旬果实成熟,果实发育期约 100 天。

(3)果实性状　果实近圆形,平均单果重 258 克,最大果重 675 克。果顶平,缝合线浅而明显,梗洼深而广。果皮底色白色,全面着鲜红色,不离皮,茸毛少。果肉乳白色,经贮放后,果肉由近皮处向内变为浅红色。肉质致密,风味酸甜,可溶性固形物含量11.8%左右。硬溶质,硬度大,后熟阶段迟缓,耐贮运,货架期长。核小,离核。

(4)生长结果习性　树势中庸。花芽起始节位为第一至第二节。复花芽较多。以中、短果枝和花束状果枝结果为主。花蔷薇形,雌蕊比雄蕊高,无花粉。

(5)栽培要点　一是配置授粉树。建园时宜配置花期相近、花粉量大、经济价值较高的授粉品种,如大久保、白凤、燕红等。二是人工授粉。三是选留适宜结果枝。该品种主要以健壮的中、短果枝和花束状果枝结果为主。

(6)综合评价　�船阳红为优良的中熟桃品种。果实个大,着色鲜艳,外观美丽,果实硬度大,采收持续时间长。主要缺点是果实酸度较大和无花粉。

4. 红岗山

(1)品种来源　是河北满城一带的地方品种,亲本不详。已通过河北省审定。

(2)物候期　在石家庄地区,3月中下旬萌芽,4月中旬盛花,花期比其他品种晚1～2天。果实成熟期为8月上中旬。果实发育期117～120天。

(3)果实性状　果实近圆形,平均单果重330克,最大果重420克。果顶圆平,缝合线中深,两半部对称,茸毛稀而短。果皮底色乳白色,果面着60%以上的粉红色,外观美丽。果皮不易剥离,厚而韧性大。果肉成熟初期为白色,随着成熟度的加大,果肉内红色素不断增加。果实硬度大,耐贮运性强。果实肉质为不溶质,风味酸甜适口,可溶性固形物含量12.5%左右。无裂果,黏核。

(4)生长结果习性　树势较强,树姿半开张。花芽着生节位低。长果枝复花芽多,但以中、短果枝坐果较好。花蔷薇形,雌蕊比雄蕊高,无花粉。进入盛果期后,中、短果枝较多时,坐果率较高。

(5)栽培要点　一是配置授粉品种,并进行人工授粉。二是对光线较敏感,成熟期进行夏季修剪,通风透光,促进着色,提高品质。三是增施磷、钾肥和有机肥,提高果实内在品质。四是适宜中、短果枝结果。五是可套袋栽培。

(6)综合评价　红岗山是优良的中晚熟品种,该品种的主要优点是果个大,硬度大,主要缺点是果实风味偏酸,无花粉。

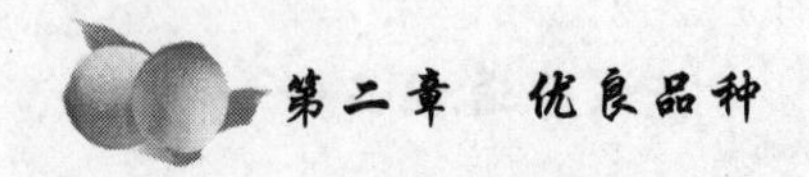

(三)晚熟和极晚熟品种

1. 华 玉

(1)品种来源 由北京市农林科学院林业果树研究所，于1990年以京玉为母本、瑞光7号为父本杂交育成的晚熟桃新品种。

(2)物候期 在北京地区，3月下旬萌芽，4月下旬盛花，8月中下旬成熟，果实发育期125天左右。

(3)果实性状 果实近圆形，平均单果重270克，最大果重400克。果顶圆平，缝合线浅，梗洼深度和宽度中等。果实底色黄白色，果面1/2以上着玫瑰红色或紫红色晕，外观鲜艳，茸毛中等。果皮中等厚，不易剥离。果肉白色，皮下无红色，近核处有少量红色。肉质硬，细而致密，汁液中等，纤维少，风味甜浓，可溶性固形物含量13.5%左右，有香气。果肉不褐变，极耐贮运。核较小，离核。

(4)生长结果习性 树势中庸，树姿半开张。花芽形成良好，复花芽多，花芽起始节位为第一至第二节，各类果枝均能结果，以长、中果枝为主。花蔷薇形，花药黄白色，无花粉，雌蕊高于雄蕊，较丰产。

(5)栽培要点 一是配置授粉品种，比例为1∶1，并进行人工授粉。二是增施磷、钾肥和有机肥，提高果实内在品质。三是果实着色期间进行修剪，使其通风透光良好。四是套袋栽培。

(6)综合评价 华玉为一个果个大、品质优、硬度大、离核的晚熟桃优良品种，缺点是无花粉。

2. 丰 白

(1)品种来源 由辽宁省大连市农业科学研究所从大久保桃实生苗中选育出的品种。又名重阳红、天王桃、莱选一号、熊岳巨桃等。

(2)物候期　在石家庄地区,3月中下旬萌芽,4月中旬盛花,花期比其他品种晚1～2天。8月中旬果实成熟,果实发育期118～122天。

(3)果实性状　果实圆形或稍扁,平均单果重350克,最大果重560克。果顶凹入或圆平,极少数为凸起。缝合线中深,两半部较对称。茸毛较稀而短。果皮底色白色,50%以上着红色晕,外观美丽。果肉白色,近核处有少量红色,硬溶质,风味甜,可溶性固形物含量13.2%左右,肉质细。离核,核很小。果实耐贮运性强。有裂核和裂果现象。

(4)生长结果习性　树势中庸,树姿开张,类似大久保。花芽形成良好,复花芽多。各类果枝均能结果,以中、短果枝结果为主。花蔷薇形,雌蕊比雄蕊高,花药为白色,内空,无花粉。

(5)栽培要点　一是配置授粉品种,并进行人工授粉。二是中、短果枝适宜结果。三是促进果实着色。果实着色期间,进行修剪,使其通风透光良好。四是增施磷、钾肥和有机肥,提高果实内在品质。五是套袋栽培。六是及时采收。因为该品种有裂核发生,裂核易导致落果,所以不宜采收过晚。

(6)综合评价　丰白在我国华北地区北部表现较好,果个大(平均单果重可达400克),着色近全红,裂果较轻,而在南部则裂果重、着色差。此品种仍为同期成熟品种中一个较好的品种,尤其在河北中部以北地区表现较好。在栽培中要克服存在的问题。

3. 美　帅

(1)品种来源　由河北省农林科学院石家庄果树研究所,以大久保为母本、自育优系90-1(八月脆×京玉)为父本进行杂交,培育出的晚熟桃新品种。

(2)物候期　在石家庄地区,3月下旬萌芽,4月中旬盛花,8月中下旬果实成熟,果实发育期约127天。

(3)果实性状　果实圆形,平均单果重275克,最大果重410

克。果顶凹入或平，缝合线浅，两半部较对称。果实底色白色，80%以上着鲜艳红色，外观鲜艳。果肉白色，近核处微红。果实硬度大，风味甜浓，香味浓郁，品质优，可溶性固形物含量12.6%～13.2%。离核，核较小。

(4)生长结果习性　树势较强，树姿半开张。复花芽多，花芽起始节位低。长、中、短果枝均可结果，幼树以长、中果枝结果为主，盛果期以健壮的中、短果枝结果。花蔷薇形，花粉量大，坐果率高，丰产性能好。

(5)栽培要点　一是注意疏花疏果，控制负载量。二是果实着色期间适量进行夏季修剪，促进果实着色，提高品质。

(6)综合评价　美帅果个大、品质优、晚熟、着色鲜艳、外观美、较耐贮运，花粉量大，丰产性强，栽培管理容易。

4. 秦　王

(1)品种来源　由西北农林科技大学园艺学院果树研究所，用大久保自然授粉实生选种方法培育而成的晚熟桃新品种。

(2)物候期　在石家庄地区，3月中旬萌芽，4月上中旬盛花，8月中旬果实成熟，果实发育期130天左右。

(3)果实性状　果实圆形，平均单果重245克，最大果重650克。果顶凹入，缝合线浅，两半部较对称。果实底色白色，阳面呈玫瑰色晕和不明晰条纹，外观鲜艳。果肉白色，不溶质，肉质硬，纤维少，汁液较少，风味浓甜，香味浓郁，品质优，可溶性固形物含量12.7%左右。黏核，核较小。

(4)生长结果习性　树势中庸，树姿半开张。花芽着生节位低，复花芽多。长、中、短果枝均可结果，幼树以中、长果枝结果为主，盛果期以短果枝结果更好。花蔷薇形，有花粉，自花结实力强，丰产性能好。

(5)栽培要点　一是及时疏果，控制产量。二是适时采收。

(6)综合评价　秦王为一个优良晚熟、耐贮运鲜食桃品种。果实个大，着色鲜艳，外观美，鲜食品质佳，耐贮运，栽培管理容易。

5. 锦 绣

(1)品种来源　由上海市农业科学院园艺研究所，于1973年以白花水蜜为母本、云署1号为父本杂交育而成的晚熟黄肉桃新品种。

(2)物候期　在上海地区，3月上旬萌芽，4月上旬盛花，8月中下旬果实成熟，果实发育期约133天。

(3)果实性状　果实椭圆形，平均单果重150克，最大果重275克。果顶圆，顶点微凸，两半部不对称。果皮金黄色，着75%玫瑰红色晕。果皮厚，可剥离。果肉金黄色，近核处着放射状紫红色晕或玫瑰色晕，硬溶质，风味甜微酸，香气浓，可溶性固形物含量12%～13%，黏核。

(4)生长结果习性　树势中等，树姿较开张。花芽起始节位为第二至第三节，复花芽居多，以长、中果枝结果为主。花蔷薇形，花粉量大，自花坐果率高，丰产性强。

(5)栽培要点　一是注意疏花疏果。二是增施有机肥，提高果实品质。

(6)综合评价　锦绣是晚熟鲜食与加工兼用黄桃品种，鲜食品质较好，丰产。宜在城市近郊发展。

6. 有 明

(1)品种来源　由韩国以大和早生为母本、砂子早生为父本杂交育成的晚熟桃新品种。由于成熟期晚，耐贮运性强，多年来一直是韩国栽培面积最大的品种之一。

(2)物候期　在石家庄地区，3月中下旬萌芽，4月上中旬盛花，8月中下旬成熟，果实发育期130～140天。

(3)果实性状　果实近圆形，稍扁。平均单果重320克，最大果重450克。果顶圆平，缝合线浅，两半部对称，梗洼宽而深。茸毛稀而短。果皮底色乳白色，在果顶、缝合线、向阳面着60%以上的鲜红色。果皮不易剥离，厚而韧性大。果肉白色，质地为不溶质，果肉较厚。汁液少，纤维少，果实硬度大。风味甜，可溶性固形物含量13.1%左右。无裂果和裂核。黏核，核小。

（4）生长结果习性　树势较强，树姿半开张。幼树成花早，花芽着生节位低，复花芽多，长、中、短果枝均能结果，幼树期以中、长果枝结果为主，盛果期以中、短果枝结果更好。花蔷薇形，花粉量大，坐果率高，丰产性强。

（5）栽培要点　一是及时疏果。二是着色期进行夏季修剪，改善光照条件，促进着色。三是果实到充分成熟后再采收。

（6）综合评价　有明是一个优良晚熟、极耐贮运桃品种。果实个大，着色鲜艳，品质优，耐贮运性强。

7. 北京晚蜜

（1）品种来源　由北京市农林科学院林业果树研究所于1987年在桃杂种圃内发现的，系杂种后代变异。

（2）物候期　在石家庄地区，3月中下旬萌芽，4月上中旬盛花，果实9月中下旬成熟，果实发育期160～165天。

（3）果实性状　果实近圆形，平均单果重250克，最大果重450克。果顶圆，微凸，缝合线浅。果皮底色淡绿色至黄白色，果面1/2以上着红色晕，不易剥离，不裂果。果肉白色，近核处红色，硬溶质，成熟后多汁，风味浓甜，有淡香味，可溶性固形物含量12%～16%。黏核，核较小。较耐贮运。

（4）生长结果习性　树势强健，树姿半开张。花芽起始节位为第一至第二节，复花芽多。幼树期以长果枝结果为主，进入盛果期后各类果枝均能结果。花蔷薇形，花粉量大，丰产性强。

（5）栽培要点　一是按要求进行疏花疏果。二是加强夏季修剪。三是干旱地区采收前1个月应灌水，并增施速效钾肥，以利于果实增大和着色。四是套袋栽培。

（6）综合评价　此为河北省中部及以北地区供应中秋节及国

庆节的适宜品种。果实个大,色泽艳丽,含糖量高,风味佳。

二、油桃品种

油桃是普通桃的变种,原产于我国。20 世纪 70～80 年代,我国从国外引入一批油桃品种,主要特点是果实硬度大,外观美,着色鲜艳,较耐贮运,果实风味较酸。我国从 20 世纪 80 年代初期开始油桃育种。

油桃具有如下优点:果面光滑无毛,果面光洁。着色好,外观鲜艳。风味浓郁。

目前,我国生产上的主栽品种多数为自育的品种,与国外品种相比,虽然在着色、颜色、风味、果个等方面有了较大改观,但仍存在一些问题。品种数量相对较少,选择的余地较小。易裂果,失去商品价值。与普通桃相比,果个偏小。但在早熟品种中,单果重相差比例要小一些。最近几年培育的新品种在单果重方面有所增加。国外油桃品种颜色和硬度较好,但大多数风味偏酸,果农在施入大量化肥(尤其是氮肥)情况下,酸味更大。产量相对较低。油桃易受蜗牛为害。

(一)早熟品种

1. 中油桃 11 号

(1)品种来源　由中国农业科学院郑州果树研究所,以中油桃 5 号为母本,与其姊妹系 SD 9238 杂交育成的极早熟甜油桃新品种。

(2)物候期　在郑州地区,3 月上旬开始萌芽,3 月底至 4 月初盛花。果实 5 月 15～20 日成熟,果实发育期 50～55 天。

(3)果实性状　果实近圆形,平均单果重 85 克,最大果重 120 克。果皮光滑无毛,底色乳白色,80%果面着玫瑰红色,充分成熟时整个果面着玫瑰红色或鲜红色，有光泽，艳丽美观。果皮厚度中等，不易剥离。果肉白色，软溶质，清脆爽口。纤维中等，汁液中多，风味甜，有香气，可溶性固形物含量9%～13%。黏核。

(4)生长结果习性 树势健壮。萌芽率中等，成枝力较强。早果能力强。各类果枝均能结果，以中果枝结果为主。花铃形，花粉多，自花结实率高，产量中等。

(5)栽培要点 一是合理密植。二是加强肥水管理，保持健壮树势。三是适当疏果，合理负载。

(6)综合评价 中油桃11号是目前我国成熟最早的甜油桃新品种之一，可以适量发展。

2. 金山早红

(1)品种来源 由江苏省镇江市象山果树研究所，于1995年在早红宝石引种圃中发现的芽变品种。

(2)物候期 在石家庄地区，3月中下旬萌芽，4月上中旬盛花，6月中旬果实成熟，果实发育期约65天。

(3)果实性状 果实近圆形，平均单果重130克，最大果重240克。果顶凹入，缝合线浅，两侧对称。果皮底色黄色，果面宝石红色，着色面积达80%以上。果皮不易剥离，果肉黄色，肉质细脆，硬溶质，风味浓甜，香味浓，可溶性固形物含量11%～13%。黏核。果实较耐贮藏。

(4)生长结果习性 树势较强，树姿半开张。长、中、短果枝均可结果。花蔷薇形，雌蕊比雄蕊高，花粉量大，丰产性较强。

(5)栽培要点 一是配置授粉品种，可以提高坐果率。二是及时进行夏季修剪。三是多施有机肥和磷、钾肥，以提高品质。四是冬季修剪时采用长枝修剪，不短截，增加留枝量，尤其是中、短果枝。五是及时采收。果个较大的果实，尤其是树冠上部枝头的果实易在缝合线处裂果，应及时采收。

(6)综合评价 金山早红果个大，鲜食品质佳，果实硬度大，果肉脆，口感好，商品价值高，裂果少，近全红，唯幼树产量较低。

3. 中油桃10号

(1)品种来源　由中国农业科学院郑州果树研究所，以油桃优系6-20(京玉×NJN 76)为母本、曙光为父本杂交育成的早熟、优质油桃新品种。

(2)物候期　在郑州地区，3月上中旬萌芽，3月底至4月初盛花。果实6月5日开始成熟，果实发育期约68天。

(3)果实性状　果实近圆形，平均单果重106克，最大果重197克。果顶平，微凹，缝合线浅，不明显，两侧对称，梗洼浅，中宽。果皮底色浅绿白色，果面呈片状或条状着色，充分成熟时可全面着紫玫瑰红色。果皮光滑无毛，中厚，难剥离。肉质致密，半不溶质，果肉乳白色，汁液中等，纤维中少，味浓甜，可溶性固形物含量10%～14%，品质优，黏核。果实成熟后可在树上挂果10天左右，采后在自然条件下可放7天。

(4)生长结果习性　树势生长健壮，萌芽率中等，成枝力较强。多为复花芽，各类果枝均能结果，以中果枝结果为主。花铃形，有花粉，自花结实率高，丰产性强。

(5)栽培要点　一是严格疏果，合理负载。二是适时采收。果实完全成熟后再采收。

(6)综合评价　中油桃10号的最大特点是果肉为半不溶质，果实成熟后不易变软，留树时间和货架期长。另外，不易裂果，栽培适应性强，适栽范围广。

4. 中油桃5号

(1)品种来源　由中国农业科学院郑州果树研究所，以五月火为父本、瑞光3号为母本杂交育成。

(2)物候期　在郑州地区，3月上旬萌芽，4月初盛花，6月上旬果实成熟，果实发育期约70天。

(3)果实性状　果实椭圆形，平均单果重140克，最大果重

180克。果顶圆，缝合线浅。果皮底色黄色，果面80%着玫瑰红色。果皮中等厚，难剥离。果肉白色，软溶质，肉质较细。风味甜，可溶性固形物含量9%～13%，半离核。

(4)生长结果习性　树势健壮，成枝力较强，各类果枝均能结果，以中果枝结果为主。花铃形，花粉量大，丰产性强。

(5)栽培要点　一是及时疏花疏果，控制产量。二是多施有机肥，提高果实风味。三是适时采收，以硬熟期采收为宜。

(6)综合评价　中油桃5号果实个大，近全红，极丰产，不易裂果。适合长江以北地区栽培和北方设施栽培。在南方也有相对较强的适宜性。

5. 中油4号

(1)品种来源　由中国农业科学院郑州果树研究所育成的早熟黄肉油桃新品种。

(2)物候期　在郑州地区，3月上旬开始萌芽，4月上旬盛花，6月上旬果实成熟，果实发育期75天左右。

(3)果实性状　果实近圆形，大小较均匀，平均单果重160克，最大果重200克。果顶圆，两半部对称，缝合线较浅，梗洼中深。果皮底色淡黄色，成熟后全面着浓红色，树冠内外果实着色基本一致，光洁亮丽。果肉橙黄色，硬溶质，肉质细脆，可溶性固形物含量12%～15%，味浓甜，品质佳。核小，黏核，不易裂果，耐贮运。

(4)生长结果习性　树势中庸偏强，树姿开张，萌芽率高，成枝力中等，幼树以长果枝结果为主，易成花。花铃形，紫红色，有花粉。自然授粉坐果率高，结果早，丰产性强。适应性、抗逆性强。

(5)栽培要点　一是及时疏花疏果，控制产量。二是多施有机肥，提高果实风味。

(6)综合评价　中油4号果实个大，果面全面红色，丰产性强，不易裂果，品质佳，耐贮运性强。

6. 双喜红

（1）品种来源　由中国农业科学院郑州果树研究所，以瑞光2号为母本、89-1-4-12（北京25-17×早红2号）为父本杂交育成的早熟黄肉油桃新品种。

（2）物候期　在石家庄地区，3月中下旬萌芽，4月上中旬盛花，7月上旬成熟。果实发育期约85天。

（3）果实性状　果实圆形，平均单果重160克，最大果重250克。果顶平，果尖凹入，两半部对称，梗洼浅，缝合线浅。果皮光滑无毛，底色乳黄色，果面75%～100%着鲜红色至紫红色。果肉黄色，硬溶质，风味浓甜，可溶性固形物含量12.5%左右。半离核。

（4）生长结果习性　树势中庸，树姿较开张。萌芽率和成枝力均较强。复花芽居多，花芽起始节位为第三节，长、中、短果枝均可结果。花铃形，雌蕊高于雄蕊或等高，花粉量大，丰产性强。

（5）栽培要点　一是配置授粉品种。双喜红的花具有柱头先出的现象，在生产中应配置授粉品种，并避免在易发生晚霜的地区种植。二是适当晚采。该品种可在树上充分成熟后再采收。三是冬季修剪时尽量采用长枝修剪，结果枝适当长留，着果后再疏果，确保产量。

（6）综合评价　双喜红风味甜，着色好，果实硬度大，不裂果，是较好的油桃品种。

（二）中晚熟品种

1. 瑞光美玉

（1）品种来源　由北京市农林科学院林业果树研究所，以京玉为母本、瑞光7号为父本杂交育成的中熟油桃新品种。

（2）物候期　在北京地区，3月下旬萌芽，4月中旬盛花，7月下旬果实成熟，果实发育期98天左右。

（3）果实性状　果实近圆形，平均单果重187克，最大果重

253克。果顶圆或小突尖，缝合线浅，梗洼深度和宽度中等。果皮底色黄白色，果面近全面着紫红色晕，不易剥离。果肉白色，皮下有红色素，近核处红色素少。肉质为硬肉，汁液中等，风味甜，可溶性固形物含量11%左右。离核。

(4)生长结果习性　树势中庸，树姿半开张。花芽形成较好，复花芽多，花芽起始节位低。各类果枝均能结果，幼树以长、中果枝结果为主。花蔷薇形，花粉量大，丰产性强。

(5)栽培要点　一是加强基肥、硬核期追肥和果实迅速膨大期追肥等3个最关键时期的施肥管理，注意及时灌水。二是夏季修剪应注意及时控制背上直立旺枝。三是适时采收，防止采收过晚出现的果肉粉质化，品质下降。

(6)综合评价　瑞光美玉是一个优良中熟甜油桃新品种，果个大，白肉，风味甜，离核。

2. 瑞光39号

(1)品种来源　由北京市农林科学院林业果树研究所育成的晚熟油桃新品种。

(2)物候期　在石家庄地区，3月中下旬萌芽，4月中旬盛花，8月下旬果实成熟，果实发育期126天左右。

(3)果实性状　果实近圆形至椭圆形。平均单果重186克，最大果重235克。果皮底色黄白色，果面近全红。果肉黄白色，硬溶质，汁液多，风味甜浓，可溶性固形物含量14%左右。黏核。

(4)生长结果习性　树势中庸，树姿半开张。花芽形成较好，复花芽多，花芽起始节位低。各类果枝均能结果，幼树以长、中果枝结果为主。花蔷薇形，花粉量大，丰产性强。

(5)栽培要点　注意疏果，增大果个。

(6)综合评价　瑞光39号是一个优良晚熟甜油桃新品种。果个中大，白肉，风味甜。果面光滑，不裂果，可以不套袋栽培。

3. 晴　朗

(1)品种来源　从美国引入，亲本不详，原名 Fairlane。

(2)物候期　在石家庄地区，3 月中下旬萌芽，4 月上中旬盛花，9 月下旬成熟，果实发育期 160～165 天。

(3)果实性状　果实圆形，平均单果重 176 克，最大果重 218 克。果顶凹入，缝合线明显，两半部较对称，梗洼窄而深。果皮光滑无毛，底色黄，1/2 以上着鲜红色晕，外观美丽，不易剥离。果肉黄色，近核处有红色。硬溶质，风味酸甜，汁液中等，纤维中等，硬度较大，可溶性固形物含量 12.5%左右。黏核，无裂果。

(4)生长结果习性　树势中庸健壮，幼树直立性强，结果后树冠开张。抽生副梢能力强。长、中、短果枝均能结果，以中、短果枝结果为主。长果枝复花芽较多，短果枝单花芽多。花芽起始节位为第二至第三节。花蔷薇形，雌蕊比雄蕊高，花粉量大，坐果率较高。

(5)栽培要点　一是增施有机肥和磷、钾肥，提高果实含糖量。二是可套袋栽培。

(6)综合评价　晴朗成熟期正值国庆节前夕，处于桃果实供应淡季，可以适量发展。

三、蟠桃品种

蟠桃在我国栽培面积最小，而且我国培育的蟠桃新品种也相对较少。其主要优点是果形奇特，风味浓甜，丰产性强，各种果枝均可坐果，某些品种的徒长性果枝也能坐果。主要缺点包括：一是大部分蟠桃存在裂顶或裂果现象。二是与同期成熟的普通桃品种果实相比，果个偏小。三是采收时易掉皮，尤其是过熟后采收极易掉皮，严重影响果实商品价值。随着蟠桃育种的深入开展，这些问题将逐步得到解决。

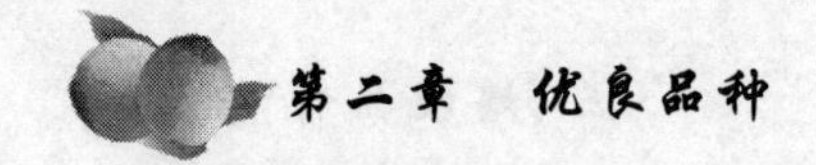

第二章　优良品种

(一)早熟品种

1. 早露蟠桃

(1)品种来源　由北京市农林科学院林业果树研究所用撒花红蟠桃为母本、早香玉为父本杂交育成的特早熟蟠桃新品种。

(2)物候期　在石家庄地区，3 月中下旬萌芽，4 月上中旬盛花，6 月 10～13 日果实成熟，果实发育期 60～65 天。

(3)果实性状　果实扁平形，平均单果重 120 克，最大果重 190 克。果顶凹入，缝合线浅。果皮黄白色，果实阳面 1/3 以上着玫瑰红色晕。果肉乳白色，近核处红色，硬溶质，肉质细，风味甜，有香气，柔软多汁，可溶性固形物含量 9%～11%。黏核，核小，可食率高。

(4)生长结果习性　树势中庸，树姿半开张。萌芽率高，成枝力强。复花芽多，花芽起始节位较低，各类果枝均能结果，花蔷薇形，雌蕊比雄蕊低，花粉量大，坐果率高，丰产性强。

(5)栽培要点　一是及时疏花疏果，增大果个，提高果实品质。二是增施有机肥和磷、钾肥。三是采收后搞好夏季修剪，促进花芽分化。

(6)综合评价　早露蟠桃具有结果早，品质好，果实风味甜香，外观漂亮，丰产稳产，易栽培管理等优点，是露地和设施栽培的优良品种。

2. 早黄蟠桃

(1)品种来源　由中国农业科学院郑州果树研究所用大连 8-20为母本、法国蟠桃为父本杂交育成的早熟黄肉蟠桃新品种。

(2)物候期　在石家庄地区，3 月中下旬萌芽，花期较早，4 月上旬盛花，果实 6 月下旬成熟，果实发育期 75～80 天。

(3)果实性状　果实扁平形，单果重 90～100 克，最大果重 120 克。果顶凹入，两半部对称，缝合线较深。果皮黄色，果面

70%着玫瑰红晕和细点，外观美，果皮可以剥离。果肉橙黄色，软溶质，汁液多，纤维中等。风味甜，香气浓郁，可溶性固形物含量13%～15%。半离核，核小。

(4)生长结果习性　树姿较直立。树体生长健壮，各类果枝均能结果。花蔷薇形，雌蕊比雄蕊低，有花粉，自然坐果率为30%，丰产性强。

(5)栽培要点　一是加强夏季修剪，控制旺长，避免树冠郁闭。二是冬季时应用长枝修剪，并在中短果枝上坐果。三是及时疏果。四是适时采收。

(6)综合评价　我国黄肉蟠桃品种较少，此品种为蟠桃家庭增加了新的成员，改善了品种组成，丰富了品种资源。在城郊可适量发展，也适宜在观光桃园中栽植。

3. 瑞蟠14号

(1)品种来源　由北京市农林科学院林业果树研究所，以幻想为母本、瑞蟠2号为父本杂交育成的早熟蟠桃新品种。

(2)物候期　在北京地区，3月下旬萌芽，4月中旬盛花，7月上中旬果实成熟，果实发育期87天左右。

(3)果实性状　果实扁平形，平均单果重137克，最大果重172克。果形圆整，果个均匀。果顶凹入，不裂顶。果面全面着红色晕。果肉黄白色，硬溶质，汁液多，纤维少，风味甜，有香气，可溶性固形物含量11%左右。黏核。

(4)生长结果习性　树势中庸，萌芽率较高，成枝力较强。花芽形成好，复花芽多。花蔷薇形，花粉量大，自然坐果率高，丰产性强。

(5)栽培要点　一是注意平衡施肥。在采收前20～30天(果实膨大期)叶面喷0.3%磷酸二氢钾溶液，以增大果个，促进果实着色，增加果实含糖量，提高风味品质。二是及时疏果，合理留果。幼树期可适当利用徒长性结果枝结果。三是同时注意适时采收。

(6)综合评价　瑞蟠14号是早熟、优质蟠桃新品种。果肉较硬,品质佳。

(二)中晚熟品种

1. 农　神

(1)品种来源　1989年从法国引入的,亲本不详。

(2)物候期　在石家庄地区,3月中下旬萌芽,4月上中旬盛花,7月中旬果实成熟,果实发育期约100天。

(3)果实性状　果实扁平形,平均单果重110克,最大果重150克。果顶凹入,缝合线浅。果皮底色乳白色,全面着鲜红色晕,易剥离。果肉乳白色,近核处有少量红色,硬溶质,风味浓甜,有香气,品质上等。可溶性固形物含量12.6%左右。离核,核极小。

(4)生长结果习性　树势中庸,树姿半开张。花芽形成良好,复花芽多。花芽着生节位为第一至第二节。花芽细长是其主要特点。各类果枝均能结果,花蔷薇形,花粉量大,雌蕊与雄蕊等高或略低于雄蕊,坐果率高,丰产性强。

(5)栽培要点　注意疏花疏果,增大果个。

(6)综合评价　农神的主要特点是果面全红,外观美,风味浓甜,有香气,离核,耐贮运性好,丰产,易栽培,为优良的中熟蟠桃品种。

2. 瑞蟠3号

(1)品种来源　由北京市农林科学院林业果树研究所,以大久保为母本、陈圃蟠桃为父本杂交育成的中熟蟠桃新品种。

(2)物候期　在石家庄地区,3月中下旬萌芽,4月上中旬盛花,7月底果实成熟,果实发育期102～107天。

(3)果实性状　果实扁平形,平均单果重201克,最大果重280克。果顶凹入,不易软。缝合线浅,两半部对称,梗洼宽而浅,果面稍有不平。茸毛稀。果皮底色黄白色，在果顶、缝合线、向阳面等均可着色，面积达85%以上，外观美丽。果皮不易剥离，厚度中等，韧性强。果肉乳白色，近核处无红色。硬溶质，风味甜，可溶性固形物含量10%～12.2%。汁液中等，纤维中。黏核，核小。

(4)生长结果习性　树势强健，树姿半开张。花芽形成良好，复花芽多。花芽起始节位为第一至第二节。各类果枝均能结果。花蔷薇形，雌蕊比雄蕊低，花粉量大，丰产性强。

(5)栽培要点　一是加强夏季修剪。二是加强肥水管理。三是严格疏花疏果。

(6)综合评价　瑞蟠3号为一个大果型、优质的中熟蟠桃品种。丰产性极强，适应性强，易栽培管理，果实采收期长，果实硬度大，耐贮运。

3. 瑞蟠22号

(1)品种来源　由北京市农林科学院林业果树研究所，以幻想为母本、瑞蟠4号为父本杂交育成的中熟蟠桃新品种。

(2)物候期　在北京地区，3月下旬萌芽，4月中旬开花，8月上旬果实成熟，果实发育期112天左右。

(3)果实性状　果实扁平形，平均单果重182克，最大果重283克。果顶凹入，不裂或微裂，缝合线中等深度，梗洼浅而广。果皮底色黄白色，果面近全红，着紫红色晕，不易剥离，茸毛中等厚。果肉黄白色，皮下无红丝，近核处红色素少。硬溶质，汁液较多，纤维细而少，风味甜，有淡香味，较硬，可溶性固形物含量13%左右。果核较小，黏核。

(4)生长结果习性　树势中庸，树姿半开张。花芽形成较好，复花芽多，花芽起始节位低。各类果枝均能结果，幼树以长、中果枝结果为主。花为蔷薇形，无花粉，自然坐果率高，丰产性强。抗寒力较强。

(5)栽培要点　一是需配置授粉树，并进行人工授粉。二是加强基肥、硬核期追肥和果实迅速膨大期（采收前）追肥等关键时期的施肥管理，注意及时灌水。三是夏季修剪应注意及时控制背上直立旺枝。四是疏果时优先疏除果顶有自然伤口倾向的果实，尽量不留朝天果，幼树期可适当利用徒长性结果枝结果。五是注意防治褐腐病和食心虫等。

（6）综合评价　瑞蟠 22 号是中熟大果型蟠桃新品种，硬度较大，品质好，唯无花粉。

4. 瑞蟠 4 号

（1）品种来源　由北京市农林科学院林业果树研究所用晚熟大蟠桃为母本、扬州 124 蟠桃为父本杂交育成的晚熟蟠桃新品种。

（2）物候期　在石家庄地区，3 月中下旬萌芽，4 月上中旬盛花，8 月下旬果实成熟，果实发育期约 134 天。

（3）果实性状　果实扁平形，平均单果重 220 克，最大果重 350 克。果顶凹入，缝合线中深。果皮底色淡绿色，成熟后黄白色，可剥离。果面茸毛较多，1/2 以上着暗红色细点晕。果肉淡绿色，硬溶质，汁液多，风味甜。可溶性固形物含量 13.5%左右。黏核，果实与果柄结合紧密，采收时梗洼处不破皮。

（4）生长结果习性　树势中庸，树姿半开张。花芽形成较好，复花芽多，花芽起始节位为第一至第二节，各类果枝均能结果，但以长、中果枝结果为主。花蔷薇形，花粉量大，雌蕊与雄蕊等高或略低于雄蕊，丰产性强。

（5）栽培要点　一是合理留果，疏果时不留朝天果。二是采收前 1 个月保证灌水充足并适当增施钾肥，以利于果实增大和品质提高。三是树势弱时会造成果实裂顶增多，应加强肥水和夏季修剪，维持健壮树势。四是可套袋栽培。

（6）综合评价　瑞蟠 4 号是优良晚熟蟠桃品种。果实个大，外观美，果形端正，风味甜，品质优，丰产性强，缺点是果面暗红色，果肉绿白色。

5. 瑞蟠 21 号

(1)品种来源　由北京市农林科学院林业果树研究所,以幻想为母本、瑞蟠 4 号为父本杂交育成的极晚熟蟠桃新品种。

(2)物候期　在北京地区,3 月下旬萌芽,4 月中旬开花,9 月下旬果实成熟,比瑞蟠 4 号晚 30～35 天,果实发育期 166 天左右。

(3)果实性状　果实扁平形,大小均匀,远离缝合线一端果肉较厚,平均单果重 236 克,最大果重 294 克。果顶凹入,基本不裂,缝合线浅,梗洼浅。果皮底色黄白色,果面 1/3～1/2 着紫红色晕,难剥离,茸毛少。果肉黄白色,皮下无红丝,近核处红色。硬溶质,汁液较多,纤维少,风味甜,较硬,可溶性固形物含量 13.5%左右。果核较小,黏核。

(4)生长结果习性　树势中庸,树姿半开张。各类果枝均能结果,幼树以长、中果枝结果为主。花芽形成较好,复花芽多,花芽起始节位低。花蔷薇形,有花粉。雌蕊与雄蕊等高或略低,自然坐果率高,丰产性强。抗寒力较强。

(5)栽培要点　适合在北京、河北、山东、山西、河南、辽宁、陕西等桃树主产区种植。加强生长后期的肥水管理,采收前 20～30 天可叶面喷施 0.3%磷酸二氢钾溶液,注意及时灌水。夏季修剪应注意及时控制背上直立旺枝。合理留果,疏果时优先疏除果顶有自然伤口倾向的果实,尽量不留朝天果,幼树期可适当利用徒长性结果枝结果。注意防治褐腐病和梨小食心虫等。

(6)综合评价　瑞蟠 21 号是目前我国培育的成熟期最晚的蟠桃新品种之一。果个大,风味甜,品质好,硬度较大,产量高,可适度发展。

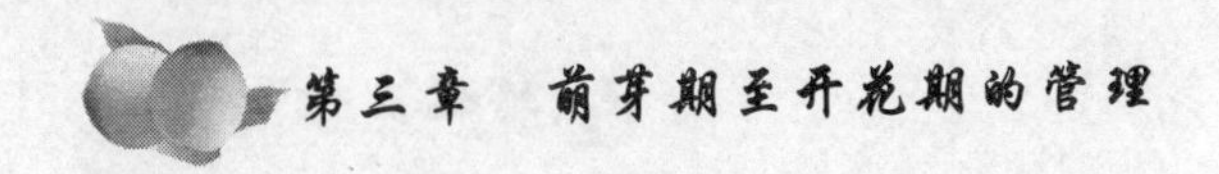

第三章 萌芽期至开花期的管理

在石家庄地区，桃树萌芽期至开花期一般为3月中下旬至4月上中旬。不同地区发生时间不同，但持续时间基本一致，一般是25～30天。萌芽期与开花期是桃树生命周期的重要阶段，外表看似变化不大，但体内进行着复杂的生命活动，在当年桃树生长发育与丰产优质中起着重要的作用。这一时期温度的变化与开花期早晚有密切联系。

一、土肥水管理

(一)生产无公害果品合理施肥的原则

第一，有机肥料和无机肥料配合施用，互相促进，以有机肥料为主。有机肥料养分含量丰富，除含有多种营养元素之外，还含有植物生长调节剂等，肥效时间比较长，而且长期施用可增加土壤有机质含量，改良土壤物理特性，提高土壤肥力；可见，有机肥料是不可缺少的重要肥源。但是有机肥肥效较慢，难以满足桃在不同生长发育阶段的需肥要求，而且所含养分量不能满足桃一生中总需肥量的需求。

无机化肥则养分含量高，浓度大，易溶性强，肥效快，施后对桃的生长发育有极其明显的促进作用，已成为增产和高产不可缺少的重要肥源。但无机肥料中养分比较单纯，即使含有多种营养元素的复合肥料，其养分含量也较有机肥少得多，而且长期施用会破坏土壤结构。

如果将有机肥料与无机肥料配合施用，不仅可以取长补短，缓急相济，有节奏地平衡供应桃生产所需养分，符合桃生长发育规律和需肥特点，有利于实现高产稳产和优质，而且还能相互促进，提高肥料利用率和增进肥效，节省肥料，降低生产成本。

第二，所施的有机肥料、无机肥料及其他肥料要符合《生产绿色食品的肥料使用准则》。

第三，氮、磷、钾三要素合理配比，重视钾肥的应用。在生产中往往出现重视氮、磷肥，尤其重视氮肥，而忽视钾肥的现象，造成产量低，品质差。不同化肥之间的合理配合施用，可以充分发挥肥料之间的协同作用，大大提高肥料的经济效益。如氮、磷两元素具有相互促进的作用，特别在肥力较低的地块尤为明显。据调查，一般单施氮素的利用率为35.3%，而氮、磷配施的利用率可提高至51.7%。所以，在施用氮肥的基础上，配合施用一定的磷肥，由于两者之间相互促进的结果，即使在不增加氮肥用量的情况下，也能使产量进一步提高。磷、钾肥配合施用，效果更佳。桃树是需钾较多的树种，要提高产量和品质，必须重视施用钾肥。

第四，不同施肥方法结合使用，以基肥为主。主要施肥方法有基肥、根部追肥和根外追肥3种。一般基肥应占施肥总量的50%～80%，还应根据土壤自身肥力和施用肥料特性而定。根部追肥具有简单易行而灵活的特点，是生产中广为采用的方法。对于桃需要量小、成本较高、又没有再利用能力的微量元素，一方面可以通过叶面喷洒的方法，既可节约成本，效果也比较好，另一方面与基肥充分混合后施入土壤中。也可以结合喷药加入一些尿素、磷酸二氢钾，以提高光合作用，改善果实品质，提高抗寒力。

（二）土壤追肥

1. 桃树对主要营养元素的需求特点　一是桃需钾素较多，

其吸收量是氮素的1.6倍。尤其以果实的吸收量最大，其次是叶片。它们的吸收量占钾吸收量的91.4%。因而满足钾素的需要，是桃树丰产优质的关键。二是桃树需氮量较高，并反应敏感。以叶片吸收量最大，占总氮量的近一半。氮素的供应充足是保证丰产的基础。三是磷、钙的吸收量较高。磷、钙吸收量与氮吸收量的比值分别为10∶4和10∶20。磷在叶片和果实中吸收多，钙在叶片中含量最高。要注意的是，在易缺钙的沙性土中更要注意补充钙。四是各器官对氮、磷、钾三要素吸收量。各器官对氮、磷、钾三要素吸收量以氮为标准，其比值分别为，叶10∶2.6∶13.7；果10∶5.2∶24；根10∶6.3∶5.4。对三要素的总吸收量的比值为10∶3～4∶13～16。

2. 化肥的种类与特点　土壤追肥的肥料种类是化学肥料，化学肥料又称无机肥料，简称化肥。

(1)种类　常用的化肥可以分为氮肥、磷肥、钾肥、复合肥料和微量元素肥料等(表3-1)。缓释肥是化肥的一种，就是在化肥颗粒表面包上一层很薄的疏水物质制成包膜化肥，水分可以进入多孔的半透膜，溶解的养分向膜外扩散，不断供给作物，即对肥料养分释放速度进行调整，根据作物需求释放养分，达到元素供肥强度与作物生理需求的动态平衡。市场上的涂层尿素、覆膜尿素和长效碳酸氢铵就是缓释肥的一种类型。

表3-1　主要化肥种类

种　类	类　型	肥料品种
氮　肥	铵态	硫酸铵、碳酸氢铵、氯化铵
	硝态	硝酸铵
	酰胺态	尿素

续表 3-1

种　类	类　型	肥料品种
磷　肥	水溶性	过磷酸钙、重过磷酸钙
	弱酸溶性	钙镁磷肥、钢渣磷肥、偏磷酸钙
	难溶性	磷矿粉
钾　肥		氯化钾、硫酸钾、窑灰钾肥
二元复合肥		磷酸一铵、磷酸二铵、硝酸钾、磷酸二氢钾
微量元素肥料		硼砂、硼酸、硫酸亚铁、硫酸锰、硫酸锌
缓释肥		合成缓释肥有机蛋白、合成缓释肥无机蛋白、包膜缓释和生产抑制剂改良

(2)特　点

①养分含量高，成分单纯：化肥与有机肥相比，养分含量高。0.5 千克过磷酸钙中所含磷素相当于厩肥 30～40 千克。0.5 千克硫酸钾所含钾素相当于草木灰 5 千克左右。高效化肥含有更多的养分，并便于包装、运输、贮存和施用。化肥所含营养单纯，一般只有一种或少数几种营养元素，可以在桃树需要时再施用。

②肥效快而短：多数化肥易溶于水，施入土壤中能很快被作物吸收利用，能及时满足桃树对养分的需要。但肥效不如有机肥持久。缓释肥的释放速度比普通化肥稍慢一些，其肥效比普通化肥长 30 天以上。

③有酸碱反应：有化学酸碱反应和生理酸碱反应 2 种。化学酸碱反应是指溶解于水后的酸碱反应，过磷酸钙为酸性，碳酸氢铵为碱性，尿素为中性。生理酸碱反应是指肥料经桃吸收以后产生的酸碱反应。硝酸钠为生理碱性肥料，硫酸铵、氯化铵为生理酸性肥料。

④缓释肥与普通化肥相比，有以下优点：一是肥料用量减少，

利用率提高。缓释肥淋溶挥发损失较少,肥料用量比常规施肥可以减少10%～20%。二是施用方便,省工安全。可以与速效肥料配合作基肥一次性施用,施肥用工减少1/3左右,并且施用安全,减少肥害的发生。三是增产增收。施用后表现肥效稳长,抗病、抗倒伏,增产5%以上。

3. 萌芽后追肥的好处 追肥是在生长期施用肥料,以满足不同生长发育过程对某些营养成分的特殊需要。根部追肥就是将速效性肥料施于根系附近,使养分通过根系吸收到植株的各个部位,尤其是生长中心。

萌芽后进行追肥,主要是补充上年树体贮藏营养的不足,促进根系和新梢生长,提高坐果率。以氮肥为主,秋施基肥没施磷肥时,加入磷肥。

4. 追肥方法 采用穴施,在树冠投影下,距树干80厘米之外,均匀挖小穴,穴间距为30～40厘米。施肥深度为10～15厘米。施后盖土,然后灌水。追肥注意不要地面撒施,以提高肥效和肥料利用率。

(三)萌芽后灌水

1. 萌芽后灌水的好处 花期是桃树需水的第一个关键时期。如花期水分不足,开花不整齐,坐果率低。这次灌水是补充长时间的冬季干旱,为使桃树萌芽、开花、展叶、提高坐果率和早春新梢生长,扩大枝、叶面积做准备。

2. 灌水量 此次灌水量要大。在南方正值雨水较多的季节,要根据当年降水情况安排灌水,以防水分过多。

3. 灌水方法 灌水可以采用地面漫灌、滴灌或喷灌等方法。

(四)春季抗旱的措施

1. 适时灌水,及时中耕 对于严重缺墒的桃园,要尽早灌水。

以日平均气温稳定在3℃以上，白天灌水后能较快渗下为前提。提倡使用节水灌溉技术，有条件的桃园可进行喷灌。对于有一定墒情的桃园可以全园浅锄一次，深5～10厘米，可以起到较好的保墒效果。

2. 充分利用好自然降水 高海拔干旱山区要抓住降雨时机，充分利用现有集雨集水设施集蓄雨水，增加抗旱水源。

3. 树盘覆膜 灌水后，可覆盖农膜。结果大树可在树盘内沿树两侧各1米通行覆盖农膜。幼树以树干为中心，覆盖要整成内低外高，利于接纳雨水和浇灌。或是沿树根际1米宽通行覆盖。膜的四周用细土压实，间隔3～5米压一土塄，以防风卷。

4. 桃园覆草 桃园覆草的主要草源是作物秸秆，所以覆草又称覆盖作物秸秆。桃园覆草能有效地减少土壤水分的地面蒸发，增加土壤蓄水、保水和抗旱能力，还可以充分利用自然降水。

覆草在10厘米，地温达到10℃左右时进行。可以充分利用丰富的麦秸、麦糠等。覆草以前应先灌透水，然后平整园地，整修树盘，使树干处略高于树冠下。进行全园覆盖时，每667米^{2}可用干草1 500千克左右，如草源不足，可只进行树盘覆盖。不管是哪种覆盖，覆草厚度一般应在15～20厘米，并加尿素10～15千克。覆草后，在树行间开深沟，以便蓄水和排水，起出的土可以撒在草上，以防止风刮或火灾，并可促使其尽快腐烂。

5. 及时修剪，保护较大的伤口 对桃树及时进行修剪，并对较大的伤口进行涂油漆保护，可防止水分蒸发和病虫害侵染。

（五）桃园清耕

农田表层经常与大气及太阳辐射接触，成为土壤—植物蒸发、蒸腾、水热交换和植物营养的转化地带，同时它是由各级团粒体所组成的多级分散系，在外界气候的影响下，在这一带有不断进行着凝聚、胶粒移动和重力下沉等缩小表面积的倾向，结果使土壤板结，形成不利于植物生长的物理环境。

1. 桃园清耕的好处 桃园清耕是目前最为常用的桃园土壤管理制度，桃园清耕有如下好处。

(1)提高地温 在少雨地区，春季中耕松土，能使土壤疏松，受光面积增大，吸收太阳辐射能增强，散热能力减弱，并能使热量很快向土壤深层传导，提高地温。尤其是早春对黏重紧实的土壤进行中耕，效果更为明显，促进根系生长和养分吸收。

(2)增加土壤有效养分含量 土壤中的有机质和矿物质养分，必须经过土壤微生物的分解后，才能被作物吸收利用。干旱土壤中绝大多数微生物都是好气性的，当土壤板结不通气、土壤中氧气不足时，微生物活动弱，土壤养分不能被充分分解和释放。中耕松土后，土壤微生物因氧气充足而活动旺盛，有效地促进微生物繁殖和有机物氧化分解，大量分解和释放土壤潜在养分，显著改善和增加土壤中有机态氮素，提高土壤养分的利用率。

(3)调节土壤水分含量 干旱时中耕，能切断土壤表层的毛细管，减少土壤水分向土表运送而蒸发散失，提高土壤的抗旱能力。

2. 果园清耕的缺点 如果长期采用清耕法，在有机肥施入量不足的情况下，土壤中的有机质会迅速减少，使土壤结构遭到破坏，在雨量较多的地区或降水较为集中的季节，容易造成水土流失。果园清耕易导致果园生态退化、地力下降、投入增加、果树早衰和品质下降。在有条件的地区提倡实行果园生草。

3. 果园清耕的方法 用锄或机械进行中耕，深度达5厘米以上。

(六)果园生草

1. 果园生草的作用 果园生草技术是国外发达国家研发成功的一项果园管理技术，就是在果园种植绿肥作物，果园生草有以下优点。

第一，绿肥营养丰富，可为桃树提供各种营养。绿肥含有较多有机质、大量元素和微量元素。据测定，绿肥作物有机质含量为84.6%～94.0%，氮、磷、钾含量分别为2.40～3.44克/千克、0.193～0.406克/千克和1.39～2.94毫克/千克。微量元素含量也很丰富，其中含钙、镁、锌、铁、锰和硼最多的分别为三叶草、箭筈豌豆、紫花苜蓿、三叶草、沙打旺、紫云英，三叶草的钙和铁含量最高。由此可见，桃园种植绿肥，可以增加土壤有机质，为桃树提供各种营养。

第二，果园生草能够显著提高土壤有机质含量，提高营养元素的有效性。果园生草由于草根的分泌物和残根，促进了土壤微生物活动，有助于土壤团粒结构形成。同时绿肥翻压腐解后，又可向土壤提供大量有机质和矿物质。据测定，果园生草3年后，土壤有机质含量可提高1.5%以上。同时提高土壤养分的有效性，提高土壤养分利用率，草对磷、铁、钙、锌、硼等有很强的吸收能力，通过吸收和转化，这些元素（多数是微量元素）已由不可吸收态变成可吸收态。所以，生草桃园桃树缺磷、缺钙的症状少，且很少或根本看不到缺铁、缺锌和缺硼导致的黄叶病、小叶病和缩果病。即使果园不增施有机肥，生草后土壤中的腐殖质也可保持在1%以上，而且土壤结构良好，尤其对质地黏重的土壤改良作用更大。国外许多果园由于生草而减少大量有机肥的施用。我国土壤有机质含量低，且肥源不足，采用果园生草是一个良好的措施。

第三，果园生草可改善小气候，增加天敌数量，有利于果园的生态平衡。夏季可使果园内温度降低5℃～7℃，有效防止日灼。冬季提高地温1℃～3℃，有利于桃树抗寒。在桃园种植紫花苜蓿、三叶草等，形成有利于天敌的生态环境，可充分发挥自然界天敌对害虫的自然控制作用，减少农药使用量，是对害虫进行生物防治的一条有效途径。

第四，果园生草增加地面覆盖层，减少土壤表层温度变化，有利于桃树根系生长发育。夏季中午，沙地清耕桃园裸露地表的温度为65℃～70℃，而生草园仅为25℃～40℃，可以避免果树的表层根系因高温而引起老化死亡。晚秋地温又相对比清耕高4.7℃，增加营养积累，促进花芽分化。北方寒冷的冬季，清耕果园冻土层可达25～40厘米，而生草果园冻土层仅15～35厘米。

第五，果园生草有利于改善果实品质。一般果园容易偏施氮肥，往往造成果实品质不佳。果园生草使土壤中含氮量降低，磷素和钙素有效含量提高，使桃树营养均衡，叶片肥厚，花芽增多，坐果率高。能增加果实中可溶性固形物含量和果实硬度，促进果实着色，提高果实抗病性和耐贮性，生理性病害减少，果面洁净，从而提高果实商品价值。另外，生草覆盖地面可减轻采前落果和采收时果实的损伤。

第六，山地、坡地果园生草可起到水土保持作用。果园生草形成致密的地面植被可固沙固土，减少地表径流对山地和坡地土壤的侵蚀。同时，生草可将无机肥转变为有机肥，固定在土壤中，增加土壤蓄水能力，减少水、肥流失。

第七，减少果园投入。果园生草不必每年进行土壤耕翻和除草，1年只需割几次草，因此节省了用工及费用，降低了生产成本。由于生草各种养分含量高，土壤保蓄能力强，又可减少肥料的投入。

第八，提高土地利用率，促进畜牧业发展，同时促进桃树可持续发展。有些草含有丰富的蛋白质、淀粉、维生素等养料，是家畜、家禽的优质饲料。畜禽产生的粪便又是优质有机肥，增加了果园的肥源，这样就形成了一个良性生物圈，以草养田，以草养畜，以畜积肥，以肥养地，提高果实品质。

2. 果园生草技术

(1)果园生草种类的选择依据　适于果园生草应具备以下特点。

①对环境适应性强：果园生草主要是在树冠下和行间作业道生长，要求生草品种具备耐阴、耐踩和抗旱的特点，同时要求对土壤、气候有广泛适应性。

②水土保持效果好：一般要求草种须根发达，固地性强，最好是匍匐生长，有利于保持水土。

③有利于培肥土壤：要求草种生长快，产量高，富集养分能力强，刈割后易腐烂，有利于土壤肥力的提高。

④不分泌毒素或有克生现象：草种根系生长过程中或植物体腐烂过程中，不会分泌或排放对桃树有害的化学物质。

⑤有利于防治桃园病虫害：要选择与桃树无共同病虫害，又有利于保护害虫天敌的草种。

⑥有利于田间管理：草应矮小（一般不超过40厘米），且不具缠绕茎和攀缘茎，覆盖性好，方便果园管理和作业。

⑦容易栽培：要求草易繁殖、栽培，早发性好，覆盖期长，易被控制，病虫害少等。

（2）果园生草的适宜种类　适合果园生草的种类有豆科的白三叶草、红三叶草、紫花苜蓿、扁豆黄芪、田菁、匍匐箭筈豌豆、绿豆、黑豆、多变小冠花、百脉根、乌豇豆、沙打旺、紫云英、毛叶苕子、夏至草、泥胡菜、荠菜等。禾本科的早熟禾、剪股草、野牛劲、羊胡子草、结缕草、鸭茅、燕麦草等；草种最好选用三叶草、紫花苜蓿、扁豆黄芪、绿豆、田菁等豆科牧草（国外用禾本科牧草如黑麦草）。也可用豆科和禾本科牧草混播或与有益杂草如夏至草搭配。

（3）播种方式　果园生草可采用全园生草、行间生草和株间生草等模式。具体模式应根据果园立地条件、种植管理条件而定。一般土层深厚、肥沃、根系分布深的桃园，可全园生草；反之，丘陵旱地果园宜在果树行间和株间种植。在年降水量少于500毫米，而且无灌溉条件的果园，不宜生草。国内外提倡行间生草、行内（树冠垂直投影宽度）除草制度，行内用刈割的草或其他有机物覆盖。

(4)播种方法及管理(以白三叶草为例)

①播种方法：撒播和条播均可。撒播操作简便易行，工效高，但土壤墒情不易控制，出苗不整齐，苗期管理难度大，缺苗现象严重。条播可以用覆草进行保湿，有利于出苗和幼苗生长，极易成坪。条播节省草种，有利于白三叶草分生侧茎和幼苗期灭除杂草。条播行距视土壤肥力而定，土壤质地好、肥沃、有灌水条件时，行距可大。反之，则小。一般为15～30厘米。

②播种时间：应根据具体情况而定。春季具备灌水条件的可在3～4月份(10厘米地温升至12℃以上时)播种，至11月份可形成20～30厘米厚的致密草坪。5～7月份播种，生长也较好，但苗期杂草多，生长势强，管理较费工。8～9月份播种，杂草生长势弱，管理省工。9月中旬以后播种，则冬前很少分生侧茎，植株弱，越冬易受冻而死亡。

③播种量：一般每667米^{2}播种0.5～0.75千克。播种时土壤墒情好，播种量宜小；土壤墒情差，播种量宜大。

④播种具体操作：白三叶草种子小，顶土力弱，幼苗期生长缓慢，土壤必须底墒较好。每667米^{2}施细碎有机肥料1 500千克以上和过磷酸钙30千克，然后精细整地，耕翻深度30厘米，破碎土块，耙平土面。

播种时用过筛细土或沙与种子以10～20∶1的比例混合，以确保播种均匀。条播覆土厚1厘米，沿行用脚踏实。采用撒播时，用竹扫帚来回拨扫覆土或用铁耙轻耙覆土。覆土后用铁耙镇压，使种子与土壤紧密结合，以利于出苗和生长。播好后，覆盖地膜保墒好，出苗快而齐全。

(5)播后管理

①苗期管理：白三叶草幼苗生长缓慢，抗旱性差。若苗期土壤墒情差，幼苗干枯致死。凡播后至苗期土壤墒情较好的，出苗整

齐,幼苗生长旺盛。若苗期喷施2～3次叶面肥,可提早5～10天成坪。幼苗期遇干旱要适当灌水补墒,同时灌水后应及时划锄,清除野生杂草。5～7月份播种的杂草较多,雨季灭除杂草是管理的关键环节。及早拔除禾本科杂草,或当杂草高度超过白三叶草时,用10.8%氟吡甲禾灵乳油500～700倍液均匀喷雾,效果很好。白三叶草成坪后,有很强的抑制杂草生长能力,一般不再人工除草,白三叶草第一年尚不能形成根瘤,需要补充少量氮肥,以促进根瘤生长。对于过晚播种的要进行覆盖,以防冻害,可用碎麦秸等。

②雨季移栽:7～8月份降雨较多,适于移栽。方法是将长势旺盛的白三叶草分墩带土挖出,在未种草行间挖同样大小的坑移植,栽后灌水。

③病虫害防治:白三叶草上发生的病虫害较轻,以虫害为主,主要防治对象为棉铃虫、斑潜蝇、地老虎等。一般年份防治桃树病虫害时可兼治,不需专门用药。若害虫大发生时,可选用Bt乳剂等进行防治。

④成坪后的管理:白三叶草草坪管理方式有3种,一是刈割2～3次。第一次刈割以初花期为宜,割后长至30厘米以上再刈割。每次刈割宜选在雨后进行。刈割留茬5～10厘米,一般不低于5厘米,以利于再生。割下的草可集中覆盖树盘,或作饲草发展畜禽业。二是选用除草剂,用20%百草枯水剂将白三叶草杀死。刈割或喷百草枯后,撒施少量氮、磷肥,以促进白三叶草迅速再生。三是任其自生自灭,自然更新,草坪高度在生长期内保持20～30厘米。桃树施肥开沟或挖穴时,将白三叶草连根带土挖出,施肥后再放回原处踩实即可。

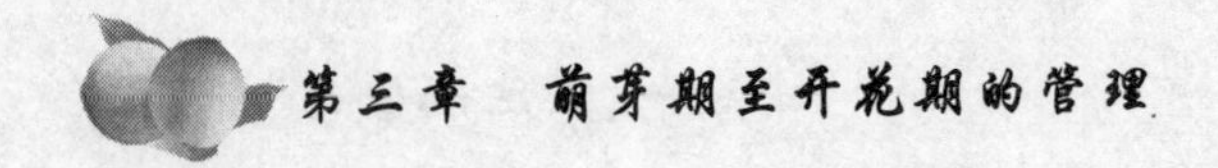

二、疏　花

(一)疏花的好处

1. 节省营养　疏花包括疏花蕾和疏已经开放的花。1株盛果期的桃树要开12 000～15 000朵花，理论上全树只要留400～500朵花用来坐果就可以。如果15 000朵花全部开放，就消耗150克营养物质，所以疏花蕾比疏花更节省营养。如果进行疏花，就可以将这些营养用于果实发育，增大果个，提高品质，疏花比疏果节省营养。

2. 增加果实单果重　疏花试验表明：果皮细胞分裂一直持续到盛花后6周。疏花明显促进了花后3周内幼果中果皮的细胞分裂，增加了果实中果皮细胞层数和果皮厚度，这是导致成熟果实体积增大的主要原因。疏上部和下部花的单果重最大。

(二)疏花的时期

疏花蕾应在花前1周至始花前进行。疏花是在始花至终花期进行。对易受冻害的品种及处于易受晚霜、风沙、阴雨等不良气候影响地区的桃树，一般不进行疏花。对于无花粉品种建议不进行疏花。只对坐果率高的品种进行疏花。

(三)疏花的方法及数量

疏蕾时，应去掉发育差、花朵小、畸形的花蕾。在长果枝上疏掉前部和后部的花蕾，留中间位置的花蕾。短果枝和花束状果枝则去掉后部花蕾。疏花时，先疏去晚开的花、畸形花、朝天花和无枝叶的花。疏结果枝基部花，留中上部的花，中上部的花则疏双花，留单花。预备枝上花全部疏掉。对于短果枝和花束状果枝，则

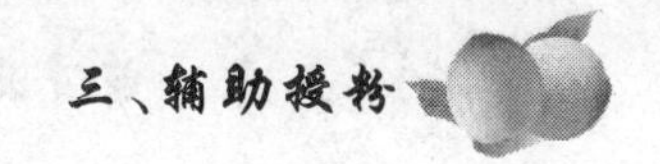

要保留枝条顶部朝向地面的花蕾。

疏花量一般为总花量的 1/4～1/3。

三、辅助授粉

(一)影响授粉和坐果的因素

1. 品种 不同品种的自然坐果率和自花结实率有一定差异。一般有花粉品种坐果率高,在生产中不需要配置授粉品种,也不需要进行人工授粉;而无花粉品种坐果率相对较低。值得一提的是,有些无花粉品种,如八月脆、仓方早生、丰白、红岗山、早凤王等,近几年表现较好,在市场上深受欢迎。要想获得理想的产量,必须在配置足量授粉树的基础上,加强人工授粉。

2. 花朵质量 花朵质量的优劣与授粉受精有很大的关系。花芽分化质量好,冬季树体营养贮备充足时,花的质量好,柱头接受花粉能力强,坐果率高。

3. 气候因素 桃树开花期的温度与授粉、坐果有密切的关系。当花期温度在 18℃左右时,花期持续时间较长,授粉机会多,坐果率高;相反,如花期温度高于 25℃,则花期较短,开花速度快,坐果率则低。试验表明,在人工条件下,桃花粉在 18℃～28℃,温度越高,发芽率也越高;在 0℃～6℃时,也有相当数量的桃花粉能够发芽;当温度为 28℃时,桃花粉发芽率为 87.1%,而在 4℃～6℃时,发芽率为 72.4%;温度在 0℃～2℃时,发芽率为 47.2%。这就给人们提供一个信息,即使花期遇上寒流,对桃树来说,还有相当数量的花能够授粉。花期微风有利于授粉,但如遇大风,则柱头易干,不利于授粉。

(二)人工授粉

对于无花粉品种,在培养中庸树势和适宜结果枝的基础上,要进行人工授粉。

1. 采花蕾　选择生长健壮、花粉量大、花期稍早于无花粉品种的桃树品种,摘取含苞待放的花蕾(大气球期)。采花蕾既不能太早,也不能太迟,采得太早,花粉粒还未形成好;采得太迟,花粉已散开。

2. 制粉　从花蕾中剥出花药,用细筛筛一遍,除去花瓣、花丝等杂质。将花药薄薄地铺在表面比较光亮的纸(如挂历纸等)上,置于室内阴干,室内要求干燥、通风、无尘、无风,24 小时左右,花药自动裂开,花粉散出。将花粉装入棕色玻璃瓶中,放在冰箱冷藏室内贮存备用。注意花粉不要在阳光下暴晒或在锅中炒,以免花粉失去活力。

3. 授粉　授粉时间是在初花期至盛花期进行。采用人工点授的方法,用容易黏着花粉的橡皮头、软海绵或纸捻等蘸上花粉,点授位于花中央的柱头,逐花进行。应当授刚开(白色)的花,粉色或红色的花其柱头接受花粉的能力已下降。对于长果枝(大于 40 厘米的未短截的果枝),应授其中上部的花。上午可授前 1 天晚上和上午开的花,下午授上午和下午开的花。可以说一天内均可进行授粉。全园一般应进行 2～3 次。

(三)昆虫授粉

据河北省农林科学院石家庄果树研究所观察,由于无花粉品种花中没有花粉,所以采粉蜜蜂一般不去访问,只有采蜜的蜜蜂才去访问,而采蜜的蜜蜂其身上及腿部不黏着花粉,所以授粉效果极差。据试验,只有将蜜蜂数量扩大到一般有花粉的 2～3 倍时才能取得较好的效果。

蜜蜂活动较易受气候好坏的影响，如气温在14℃以下，几乎不能活动，在21℃时活动最好；有风则不利于蜜蜂活动访花，风速在每秒11.2米时就会停止活动；降雨也会影响蜜蜂活动。花期不宜施药。

四、病虫害防治与害虫天敌

(一)主要虫害及防治方法

此期发生的虫害主要有蚜虫、苹毛金龟子、绿盲蝽、桃红颈天牛等。

1. 蚜虫 为害桃树的蚜虫主要有3种：桃蚜、桃粉蚜和桃瘤蚜。生产中常见的主要是桃蚜。

(1)为害症状 桃蚜与桃粉蚜以成虫或若虫群集叶背吸食汁液。桃蚜为害的嫩叶皱缩扭曲，严重时被害树当年枝梢生长和果实发育将受影响。桃粉蚜发生时期晚于桃蚜。桃粉蚜为害时，叶背布满白粉，有时在成熟叶片上为害。桃瘤蚜对嫩叶、老叶均为害，被害叶的叶缘向背面纵卷，卷曲处组织增厚，凹凸不平，初为淡绿色，渐变为紫红色，严重时全叶卷曲。

(2)发生规律 蚜虫在北方1年发生10余代。卵在桃树枝条间隙及芽腋中越冬，3月中下旬开始孤雌胎生繁殖，新梢展叶后开始为害。有些在盛花期时，为害花器，刺吸子房，影响坐果。繁殖几代后，在5月份开始产生有翅成虫，6～7月份迁飞至第二寄主，如烟草、萝卜等蔬菜上，到10月份再次飞回桃树上产卵越冬。

(3)防治方法

①农业防治：清除枯枝落叶，将被害枝梢剪除并集中烧毁。在桃树行间或果园附近，不宜种植烟草、白菜、萝卜等，以减少蚜虫的夏季繁殖场所。桃园内种植大蒜，可相应减轻蚜虫的为害。

②生物防治：蚜虫的天敌很多，有瓢虫、食蚜蝇、草蛉、捕食性蜘蛛等，对蚜虫有很强的抑制作用。应尽量避免在天敌多时喷药。

③化学防治：萌芽期和发生期，喷10%吡虫啉可湿性粉剂4 000～5 000倍液。一般掌握喷药及时、细致、周到，不漏树、不漏枝，1次即可控制。

2. 苹毛金龟子

(1)为害症状　主要为害花器和叶片。据观察，苹毛金龟子多在树冠外围的果枝上为害，啃食花器时，有群居特性，多个聚于一个果枝上为害，有时达10多个。

(2)发生规律　苹毛金龟子1年发生1代，以成虫在土中越冬。翌年春3月下旬开始出土活动，主要为害花蕾。在桃树上4月上中旬为害最重。产卵盛期为4月下旬至5月上旬，卵期20天，幼虫发生盛期为5月底至6月初，化蛹盛期为8月中下旬，羽化盛期为9月中旬。羽化后的成虫不出土，即在土中越冬。成虫具有假死性，当日平均气温达20℃以上时，成虫在树上过夜，温度较低时潜入土中过夜。

(3)防治方法　此虫虫源来自多方，特别是荒地虫量最多，故果园中应以消灭成虫为主。

①农业防治：在成虫发生期，早晨或傍晚人工敲击树干，使成虫落在地上，此时由于温度较低，成虫不易飞，易于集中消灭。

②化学防治：主要是地面施药，控制潜土成虫。用5%辛硫磷颗粒剂，每667米^{2}撒施3千克。未腐熟的猪、鸡粪在施入果园前须进行高温发酵处理，堆积腐熟时最好每立方米粪加5～7.5千克磷酸氢铵。

3. 绿盲蝽

(1)为害症状　以成虫和若虫通过刺吸式口器吮吸桃幼嫩叶和果实汁液。被害幼叶最初出现细小黑坏死斑点，叶长大后形成无数孔洞。被害果实表面形成木栓化连片斑点。

(2)发生规律　绿盲蝽在河北省1年发生4代以上,以卵在树皮下及附近浅层土壤中或杂草上越冬。5月上中旬桃树展叶期开始为害幼叶,在幼果发育初期为害果实,以后主要为害桃树嫩梢和嫩叶。一般不为害硬核期以后的果实和成熟的叶片。10月上旬产卵越冬。成虫飞行能力极强,稍受惊动,迅速爬迁。因其个体较小,体色与叶色相近,不容易被发现。绿盲蝽成虫多在夜晚或清晨取食为害,等发现时已造成严重为害,此时已错过喷药的最佳时机。

(3)防治方法

①农业防治:秋、冬季彻底清除桃园内外杂草及其他植物残体,刮除树干及枝杈处的粗皮,剪除树上的病残枝和枯枝并集中销毁,可以减少越冬卵量。主要天敌有寄生蜂、草蛉、捕食性蜘蛛等。

②化学防治:3月中旬在树干30～50厘米处缠黏虫胶,阻止绿盲蝽上树为害。3月下旬萌芽前喷3～5波美度石硫合剂。桃树萌芽期结合其他害虫防治喷药。以后依各代发生情况进行防治。所选药剂应具内吸、熏蒸和触杀作用。可选用2%阿维菌素可湿性粉剂3 000～4 000倍液、4.5%高效氯氰菊酯乳油2 000倍液和2.5%高效氯氟氰菊酯乳油3 000～4 000倍液。喷药时间应在下午进行。

4. 桃红颈天牛

(1)为害症状　幼虫为害桃主干或主枝基部皮下的形成层和木质部浅层部分,在为害部位的蛀孔外有大堆虫粪。当树干形成层被钻蛀对环后,整株树可死亡。

(2)发生规律　桃红颈天牛2～3年发生1代,以幼虫在树干蛀道内越冬。成虫在6月间开始羽化,中午多静息在枝干上,交尾后产卵于树干、大枝基部的缝隙或锯口附近,卵经10天左右孵化成幼虫,在皮下为害,以后逐渐深入韧皮部和木质部。

(3)防治方法　桃红颈天牛虽为害较大,但种群数量不多,可用以下方法防治。

①农业防治：成虫出现期，利用午间静息的习性，人工捕捉。特别在雨后晴天，成虫最多。4～9月份，在发现有虫粪的地方，挖、熏、毒杀幼虫。

②物理防治：在果园内每隔30米，距地面1米左右挂一装有糖醋液的罐头瓶，诱杀成虫。成虫产卵前，在主干基部涂白，防止成虫产卵。

③化学防治：产卵盛期至幼虫孵化期，在主干上喷施2.5%高效氯氟氰菊酯乳油3000倍液，杀灭初孵幼虫。

(二)主要病害及防治方法

桃树上发生的病害主要有细菌性穿孔病、疮痂病、炭疽病、褐腐病、白粉病和流胶病等。病害虽然春季不发生，但病害要以预防为主，所以要提前预防。一般在萌芽期喷石硫合剂，以减少病原。

(三)桃树害虫的天敌

自然界任何一种植物或动物的种群增长，都受到一系列因素的制约。昆虫也同样有寄生和捕食它的生物，称之为天敌。桃树为多年生木本植物，生态环境比较稳定，天敌资源极为丰富。这些天敌对控制害虫种群数量具有重要的作用。

1. 天敌昆虫和蜘蛛

(1)瓢虫　瓢虫是果园中主要的捕食性天敌，以成虫和幼虫捕食各种蚜虫、叶螨、介壳虫及低龄鳞翅目幼虫等。瓢虫捕食寄主的范围因种类而异，有以下类型。

①以捕食蚜虫为主的瓢虫：此种瓢虫种类较多，如七星瓢虫、异色瓢虫、龟纹瓢虫、多异瓢虫等。主要捕食桃蚜、桃粉蚜和桃瘤蚜等。在华北地区1年发生4～5代，均以成虫在树缝、树根、枯枝落叶、山洞和土块等处越冬。瓢虫的捕食能力很强，以异色瓢虫为

例，幼虫平均日捕食桃蚜数量随着龄数增加而增加，一龄捕食10～30头，四龄捕食100～200头，成虫将增加至100～200头。当瓢虫与蚜虫比为1∶150时，基本能控制蚜虫为害，如果园内草蛉等其他天敌数量也较多时，比例还可大些。

②以捕食叶螨为主的瓢虫：以捕食叶螨为主的瓢虫主要有深点食螨瓢虫、黑襟毛瓢虫、连斑毛瓢虫等。以深点食螨瓢虫最为常见。深点食螨瓢虫1年发生4～5代，以成虫在树皮裂缝、树洞、枯枝落叶、杂草等处越冬。翌年春开始出蛰活动，5月中旬至6月上中旬为产卵期。在叶螨较多处产卵也较多。一龄幼虫主要捕食害螨的卵和初孵幼螨，四龄幼虫主要捕食成螨。深点食螨瓢虫成虫日平均可捕食成螨15头和幼螨及螨卵21头(粒)，幼虫平均日捕食25～43粒(头)。

③以捕食介壳虫为主的瓢虫：在北方地区，主要有黑缘红瓢虫、红点唇瓢虫、红环瓢虫、中华显盾瓢虫等。其捕食寄主为朝鲜球蚧、桑盾蚧、东方盔蚧等。北方常见的瓢虫中有黑缘红瓢虫和红环瓢虫，均以成虫在枯枝落叶、树干缝穴等处越冬，翌年春出蛰后即开始活动捕食。瓢虫的幼虫和成虫可捕食介壳虫的卵、若虫和成虫。瓢虫食量很大，1头黑缘红瓢虫一生可捕食2 000头左右介壳虫。

(2)草蛉　又名草青蛉，幼虫俗名蚜狮，是一类分布广，食量大，能捕食蚜虫、叶螨、叶蝉、蓟马、介壳虫以及鳞翅目害虫的低龄幼虫和多种卵的重要捕食天敌。草蛉的种类很多，我国常见的有大草蛉、丽草蛉、中华草蛉、叶色草蛉、普通草蛉等。特别在山地丘陵果园，草蛉较多。

草蛉在华北地区每年大都发生3～5代，中华草蛉和普通草蛉以成虫躲藏于背风向阳处的草丛、枯枝落叶、树皮缝或树洞内越冬。而大草蛉、丽草蛉、叶色草蛉则以老熟幼虫在枯枝落叶堆、树缝、干枯卷曲叶片内结茧、发育至预蛹期越冬。草蛉的食性因种类

而异。丽草蛉和大草蛉成虫喜食各种蚜虫，中华草蛉成虫喜食多种虫卵和幼虫，但不食蚜虫。不同种类的草蛉产卵习性不同，大草蛉喜集中产卵，常10余粒或20粒为一丛，呈伞状放射形排列，叶色草蛉呈“一”字形排列，整齐有序，丽草蛉和中华草蛉则散产无规则。

草蛉发育1代需22～43天。1头大草蛉幼虫一生可捕食各类蚜虫600～700头。1头中华草蛉一至三龄幼虫平均日最多可分别捕食山楂叶螨若螨300头、400头和700头。

(3)捕食螨 捕食螨又叫肉食螨，是以捕食害螨为主的有益螨类。在捕食螨中以植绥螨最为理想，它捕食凶猛，1头雌螨能消灭5头害螨在15天内繁殖的群体，它不仅捕食山楂叶螨、二斑叶螨等害螨，还能捕食一些蚜虫、介壳虫等小型害虫。植绥螨具有发育周期短、捕食范围广、捕食量大等特点。

植绥螨发生代数因种类而异，一般1年发生8～12代，以雌成虫在枝干树皮裂缝或翘皮下越冬。卵散生，有时数粒在一起。幼螨孵化后随即取食，喜捕食害螨的卵和幼螨，植绥螨的若螨也可捕食害螨的若螨，成螨则可捕食害螨的各个虫态。

(4)食虫椿象 食虫椿象是指专门吸食害虫的卵汁或幼(若)虫体液的椿象，为益虫。它与有害椿象区别如下：有害椿象有臭味，其喙由头顶下方紧贴头下，直接向体后伸出，不呈钩状；而食虫椿象大多无臭味，喙坚硬如锥，基部向前延伸，弯曲或呈钩状，不紧贴头下。

食虫椿象是果园害虫天敌的一大类群，其种类较多，捕食寄主也有所不同。如花蝽科的东亚小花蝽、小黑花蝽、黑顶黄花蝽等，主要捕食蚜虫、叶螨、介类以及鳞翅目害虫的卵及低龄幼虫等。猎蝽科的白带猎蝽、褐猎蝽等，主要捕食蚜虫、叶蝉、椿象、卷叶蛾等。

小黑花蝽是果园中最为常见的一种天敌，在北方果区1年发生4代，以雌成虫在果树枝、干的翘皮下越冬。1年发生4代。小

黑花蝽的捕食能力很强，1 头成虫每日平均可捕食各种虫态叶螨 20 头、卵 2 粒、蚜虫 27 头，也可刺吸桃小食心虫的卵。

(5)食蚜蝇　食蚜蝇是果树害虫的重要天敌，以捕食蚜虫为主，也可捕食叶蝉、介壳虫、蛾类害虫的卵和初龄幼虫。它的成虫很像蜜蜂，但腹部背面大多有黄色横带，喜欢取食花粉和花蜜。

食蚜蝇种类很多，主要有黑带食蚜蝇、斜斑额食蚜蝇等 10 余种。黑带食蚜蝇是果园中较为常见的一种食蚜蝇，1 年发生 4～5 代。平均每头在整个幼虫期可捕食 800～1 500 头蚜虫。幼虫在叶背或卷叶中化蛹。秋季若果园蚜虫不足，成虫会转到周围麦田、菜田上产卵，孵化后捕食蚜虫，以后入土越冬。

(6)蜘蛛　农田蜘蛛不仅种类多，而且种群数量大，是抑制害虫种群的重要天敌类群。80%左右蜘蛛生活在果园中，是害虫的主要天敌。

蜘蛛可分为结网性和狩猎性两大类。结网性有的在高处，有的在地面，它用蛛丝结成圆形、三角形或漏斗形等各种形状的网，这种丝网既是生活住所，又是狩猎工具，害虫落入网内很难逃生。狩猎蜘蛛不结网，亦无固定的住所，常在地面、草丛、树上、植株、水面等处往返狩猎，捕食多种昆虫。蜘蛛性情凶猛，行动敏捷，在它的视力范围或丝网附近的猎物很少能逃脱掉。

蜘蛛群落复杂，捕食方式多种多样，可以控制不同习性的害虫。有的在地面土壤间隙做穴结网，可捕食地面害虫。不结网的在地面游猎捕食地面害虫和地下害虫。结大网的可从不同方向捕食飞来的成虫，结小网的捕食同翅目、双翅目等成虫。总之，蜘蛛在果园内布下天罗地网，并以多种方式捕食多类害虫，是害虫的重要天敌。

(7)螳螂　螳螂是多种害虫的天敌，具有分布广、捕食期长、食虫范围广、繁殖力强等特点，在植被多样化的果园中数量较多。其种类在我国约有 50 多种。常见的有中华螳螂、广腹螳螂、薄翅螳螂。螳螂1年发生1代,以卵在枝条上越冬。

螳螂的食性很杂,可捕食蚜虫类、蛾类、甲虫类、椿象类等60多种害虫,从春至秋在田间均有发生。若虫具有跳跃捕食习性,一至三龄若虫喜食蚜虫。三龄以后嗜食体壁较软的鳞翅目害虫,成虫则可捕食蚜虫、叶蝉、桃小食心虫、梨小食心虫等各类害虫。螳螂的捕食量很大,三龄若虫每头可捕食蚜虫200头。1只螳螂一生可捕食害虫2 000头。其捕食有两大特点,一是只捕食活的猎物,二是即使吃饱了,见到猎物不吃也要杀死,即杀死性。

2. 食虫鸟类 鸟类在农林生物多样性中占有重要地位,它与害虫形成相互制约的密切关系,是害虫天敌的一大类群,对控制害虫种群作用很大。

(1)大山雀 山雀的种类较多,有大山雀、沼泽山雀、长尾山雀等,大山雀是最常见的一种。大山雀小巧玲珑,行动活泼,善于跳跃和飞翔。在山区、平原均有分布,属于地方性留鸟,喜在果园及灌木丛中活动。多在树洞、墙洞中筑巢,产卵3～5枚。大山雀体型虽小,但食量很大,消化能力强。它可食果园内多种害虫,如桃小食心虫、天牛幼虫、天幕毛虫幼虫、叶蝉以及蚜虫等。1头大山雀1天捕食害虫的数量相当于自身体重。在繁殖季节,大山雀捕食、喂食量更多,每天可捕食害虫400～500头,在大山雀的食物中,农林害虫数量约占80%。

(2)大杜鹃 杜鹃在我国分布很广,大多为夏候鸟或旅鸟,其种类有大杜鹃和鹰头鹃,其中以大杜鹃最为常见。大杜鹃和鸽子大小相近,喜栖息在开阔的林地,特别是近处有水的果林。大杜鹃以取食大型害虫为主,如甲虫和鳞翅目幼虫,特别喜食一般鸟类不敢啄食的毛虫,如天幕毛虫、刺蛾等害虫的幼虫,1头成年杜鹃1天可捕食300多头大型害虫。

(3)大斑啄木鸟 身体上黑下白,翅黑并具白斑,尾下呈红色,雄鸟后部有红斑。在树干上活动时,边攀登,边以嘴快速叩树,若

树干有虫，即快速啄破树皮，用舌钩出害虫吞食。啄木鸟主要捕食鞘翅目害虫、椿象等。啄木鸟食量很大，每天可取食 1 000～1 400 头害虫幼虫。

3. 寄生性天敌

(1)寄生性昆虫　寄生性昆虫又称为天敌昆虫，数量最多的是寄生蜂和寄生蝇。其特点是以雌成虫产卵于寄主(昆虫或害虫)体内或体外，以幼虫取食寄主的体液摄取营养，直到将寄主体液吸干死亡。而它的成虫则以花粉、花蜜等为食或不取食。常见的寄生性昆虫有如下几种。

①赤眼蜂：是一种寄生在害虫卵内的寄生蜂，体型很小，眼睛鲜红色，故名赤眼蜂。赤眼蜂是一种广寄性天敌昆虫，它能寄生 400 余种昆虫卵，尤其喜欢寄生鳞翅目昆虫卵，如梨小食心虫、刺蛾等，是果园中的一种重要天敌。赤眼蜂的种类很多，常见的有松毛虫赤眼蜂、螟黄赤眼蜂、舟蛾赤眼蜂、毒蛾赤眼蜂等。

赤眼蜂从卵直到羽化成虫都在寄主卵内完成，生活周期很短，在 25℃条件下完成 1 代仅需 10 天左右。在自然条件下，华北地区 1 年可发生 10～14 代。赤眼蜂的生殖方式既可雌雄交尾生殖，又可孤雌生殖。赤眼蜂的繁殖力很强，每头雌蜂可繁殖子代 40～70 头，最多达 176 头。

赤眼蜂在果园内的自然寄生率是前期低，后期高。利用松毛虫赤眼蜂防治梨小食心虫，每 667 米^2 放蜂量 8 万～10 万头，梨小食心虫卵寄生率为 90%，虫害明显降低，其效果明显好于化学防治，是利用天敌防治桃树害虫最成功的范例(冯建国等)。

②蚜茧蜂：是一种寄生在蚜虫体内的重要天敌，被寄生致死的蚜虫变为黄褐色，虫体僵硬呈鼓胀状，称僵蚜。桃园常见的种类有桃蚜茧蜂，其寄主是桃蚜。蚜茧蜂尤其喜寄生二至三龄的若蚜。每头雌蜂产卵量为数十粒至数百粒。

③寄生蝇：是果园害虫幼虫和蛹期的主要天敌。与苍蝇的主

要区别是身上有很多刚毛。种类有很多，在桃树上常见的有卷叶蛾赛寄蝇（寄主梨小食心虫）。1 年发生 3～4 代，以蛹越冬。

④姬蜂和茧蜂：是天敌昆虫的重要类群，可寄生多种害虫的幼虫和蛹。在桃树上主要有梨小食心虫白茧蜂和花斑马尾姬蜂。前者寄生梨小食心虫，后者寄生天牛。梨小食心虫白茧蜂 1 年发生 4～5 代，该蜂产卵于寄主卵内，在寄主幼虫体内孵化为幼蜂并取食发育，待寄主幼虫老熟时死亡。

（2）昆虫病原微生物　在自然界中，有一些病原微生物，如细菌、真菌、病毒、线虫等，在条件合适时能引发流行病，致使害虫大量死亡。

①苏云金杆菌：是目前世界上产量最大的微生物杀虫剂，又叫 Bt，已有 100 多种商品制剂。其杀虫机理是苏云金杆菌能产生多种有致病力的毒素，最主要的是伴孢晶体毒素和 β-外毒素。防治的害虫主要是刺蛾、卷叶蛾等鳞翅目害虫。

②白僵菌制剂：白僵菌是虫生真菌，此菌是生物农药中研究最多、研究历史最长的一类昆虫病原生物。应用球孢白僵菌防治出土期桃小食心虫，卵孢白僵菌防治蛴螬类害虫，都取得了很好效果。白僵菌对桃小食心虫的自然寄生率可达 20%～60%。

五、春季高接换头与剪砧

（一）高接换头

桃树是果树中最怕重茬的树种之一。刨掉桃树再重新栽桃树极易出现树体成活率低、生长缓慢、结果少、品质差等问题。如果发现所栽品种不适合市场需求，需淘汰品种时，不要马上刨掉，可以直接通过高接来更换所需要的品种。如果所栽品种均为无花粉品种，没有配置授粉品种，也可高接一些授粉品种。

1. 适宜嫁接的时间 适宜高接的时间为夏季和春季。夏季主要是7月下旬至9月中旬，持续时间较长，近2个月。春季的时间较短，在石家庄地区为3月中下旬，不足20天。夏季嫁接由于温度高、湿度大，所以成活率较高；反之，春季嫁接温度相对低，空气干燥，成活率相对较低。但是春季嫁接，当年可恢复至嫁接前的大小，翌年就可结果，如果高接大树，便可进入盛果期。春季嫁接比夏季嫁接早结果1年。

2. 嫁接方法

（1）植株选择 树龄在10年以下的健壮树适宜高接。树势较弱但树龄较轻而又有复壮能力的，应在加强土肥水管理，复壮树势后进行高接。如果树龄大于10年，树势强健的也可以进行高接。

（2）嫁接方法 采用带木质部芽接（图3-1）。带木质部芽接具有节省接穗、伤口较小、易于愈合、生长较快的特点。

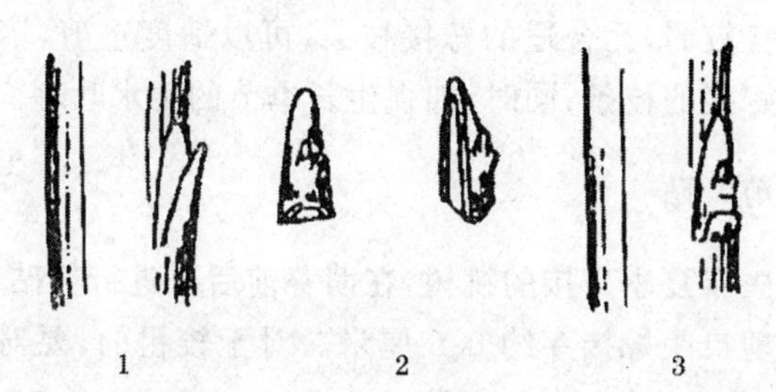

图3-1 带木质部芽接

1.削砧木 2.削芽片 3.插接芽

（3）嫁接部位 直径1～2厘米的1年生枝或2年生枝均可，1年生枝最佳，成活率高；2年生枝生活力较差，成活率相对较低。

（4）接穗的选择 选用健壮、芽饱满、无病虫害的1年生枝条作为接穗，一般直径为0.6～1.5厘米，如果嫁接部位较粗时，选用较粗的接穗；反之，则用较细的接穗。

（5）嫁接操作技术 要嫁接的枝条可以是直立，也可是斜生。

如果是直立枝条，接口位于侧面；如果是斜生枝条，接口位于上部。接芽厚0.3厘米左右、长2.5厘米左右，用适宜厚度的塑料布将接芽包扎严，将芽露在外面。

(6)高接芽数　一般树上同侧间距40～50厘米高，接一芽即可。一般大树20个芽左右，中等树12个芽左右，小树6个芽左右。

(7)接后管理　春季嫁接，中间要松一次塑料布。当接芽长至10～20厘米时，将包扎芽的塑料布解开，给新梢生长留出足够的空间；否则，塑料布将会影响新梢生长。解开后再重新包扎，主要是绑住接芽的两端，以防接芽翘开。有萌蘖发出，及时抹除干净，仅保留接芽长成的新梢。当新梢长至约40厘米时，进行摘心，以促发分枝。

3. 培养夏季嫁接的枝条　有的树体虽然树龄不大，但由于各种原因树势较弱，无合适的嫁接枝条，可以适度重剪，培养在夏季可以进行嫁接的枝条；同时，加强生长季节的肥水管理。

(二)剪　砧

对于去年夏季高接的桃树，在萌芽前后要进行剪砧，同时解去塑料布。剪口距嫁接芽约0.5厘米。对于较粗的，要对伤口涂油漆，以保护伤口，减少水分蒸发。

六、霜害及防霜措施

(一)霜冻及危害

在桃树花期或幼果生长初期，由于急剧降温，水气凝结成霜而使花或幼果受冻，称为霜冻。霜冻对桃树造成的危害，称为霜害。

早春萌芽时受霜冻，嫩芽或嫩枝变成褐色，鳞片松散而干于枝上。花蕾期和花期受冻，由于雌蕊最不耐寒，轻霜冻时只将雌蕊和花托冻死，花朵照常开放，稍重的冻害可将雄蕊冻死。幼果受冻轻时，剖开果实可发现幼胚变褐，以后逐渐脱落。受冻严重时则整个果实变成褐色且很快脱落。有的幼果经轻霜冻后还可继续发育，但生长变慢，成为畸形果，近萼端有时出现霜环。

由于霜害发生时的气温逆转现象，越近地面气温越低，所以桃树下部受害较上部重。湿度对霜冻有一定影响，湿度大时可缓冲温度，故靠近大水面的地方霜害较轻。生产中霜前灌水，可减轻危害。

霜冻的程度还受温度变化大小、低温强度、持续时间和温度回升快慢等气象因素影响。温度变化大，温度越低，持续时间越长，则受害越重。温度回升慢，受害轻的还可恢复，如温度骤然回升，则会加重受害。

(二)防霜措施

根据果园霜冻发生原因和特点，防霜途径如下。

1. 建园 经常发生的地区，应从建园地点和品种选择等方面着手。避免在低洼地建园，不选择花期早的品种。一般需冷量低的品种花期较早。

2. 延迟发芽，减轻霜冻程度

(1)春季灌水 春季多次灌水能降低地温，延迟发芽。萌芽后至开花前灌水，一般可延迟开花 2～3 天。

(2)涂白 春季进行主干和主枝涂白可减少对太阳热能的吸收，延迟发芽和开花 3～5 天。早春(萌芽前)用 7%～10%石灰液喷布树冠，一般可使花期延迟 3～5 天。在春季温度剧烈变化的地区，效果尤为显著。

3. 改变果园霜冻发生时的小气候

(1)吹风法 霜害是在空气静止情况下发生的，如利用大型吹风机增强空气流通，将冷气吹散，可以起到防霜效果。欧美一些国家利用此方法，隔一定距离设一旋风机，在即将霜冻前开动，可收到一定效果。

（2）人工降雨、喷水或根外追肥　利用人工降雨设备或喷灌等喷雾设备向树体上喷水，水遇冷凝结时可放出潜热，并可增加湿度，减轻冻害。根外追肥能增加细胞浓度，效果更好。

（3）熏烟法　在最低温度不低于－2℃的情况下，可在果园内熏烟。熏烟能减少土壤热量的辐射散发，同时烟粒吸收湿气，使水气凝成液体而放出热量，提高气温。常用的熏烟方法是用易燃的干草、刨花、秸秆等与潮湿的落叶、锯屑等分层交互堆起，外面覆一层土，中间插上木棒，以利于点火和出烟。烟堆大小一般不高于1米。根据当地气象预报有霜冻危险的夜晚，在温度降至5℃时即可点火发烟。

防霜烟雾剂防霜效果很好，配方为硝酸铵20％、锯末70％、废柴油10％。将硝酸铵研碎，锯末烘干过筛。锯末越碎，发烟越浓，持续时间越长。平时将原料分开放，在霜冻来临时，按比例混合，放入铁筒或纸壳筒，根据风向放置，待降霜前点燃，可提高温度1℃～1.5℃，烟幕维持1小时左右。

（三）霜冻发生后的补救措施

如果霜冻已造成灾害，应积极采取措施，加强管理，争取产量和树势的恢复。对晚开的花应进行人工授粉，提高坐果率，以保证当年有一定产量。与此同时，应促进当年的花芽分化，为翌年的丰产打好基础。幼嫩枝叶受冻后，仍会有新枝和新叶长出，采取措施使之健壮生长，恢复树势。

七、桃园建设

(一)苗圃的建立

1. 苗圃地选择 用作育苗的地块应具备以下条件:一是地形一致,地势平坦,背风向阳,土层深厚,质地疏松,排水良好的沙壤土;二是水源充足,有良好的灌溉条件,地下水位在1米以下;三是忌重茬地、多年生菜地及林木育苗地。

2. 苗圃地规划 苗圃地包括两部分:采穗圃和苗木繁殖圃,比例为1∶30。对规划设计出的小区、畦,进行统一编号,对小区、畦内的品种登记建档,使各类苗木准确无误。

(二)砧木苗的培育

1. 整地和施基肥 播种前进行耕翻和精细整地,施入腐熟农家肥4 000~5 000千克/667米^2,混施过磷酸钙20~25千克/667米^2,耙平做畦,灌水沉实。

2. 播种 播种量一般毛桃40~50千克/667米^2,山桃20~30千克/667米^2。播种时期在土壤解冻后,一般在3月下旬进行。采用宽窄行沟播法,宽行行距60~80厘米,窄行行距20~25厘米,种子间距10~15厘米,播种沟深4~5厘米,播种后覆土、耙平。

3. 播后管理 保持土壤疏松无杂草,结合灌水追肥,施尿素6~8千克/667米^2。生长季可结合喷药,进行叶面喷施300倍尿素溶液2~3次,并及时防治病虫害。去年秋播的,翌年春天种子出苗前灌1次水。

4. 剪砧 以培育2年生苗木为目的的,要在春季萌芽前后对去年夏季嫁接的苗木进行剪砧,剪口距离嫁接芽0.5厘米左右,剪口要平滑。剪后要及时除萌蘖,以促进保留嫁接芽的生长。剪砧后,追施尿素15～20千克/667米^2,并及时灌水、保墒。8～9月份喷施300倍磷酸二氢钾溶液1～2次。及时防治蚜虫、螨类、潜叶蛾、金龟子、白粉病等病虫害。

5. 出圃　在苗木落叶至土壤封冻前或翌年春土壤解冻后至萌芽前出圃。如土壤干旱,挖苗前应先灌水,再挖苗。挖苗时需距苗木20厘米以上挖掘,尽量使根系完整。注意当天挖苗后,应在当天或翌日进行假植,以防止苗木失水。

6. 苗木分级　依据中国农业科学院郑州果树研究所等单位制订的桃苗木质量标准,将苗木进行分级。1～2年生苗及芽苗的质量见表3-2。特别注意去除感染根癌病、根腐病、根结线虫等病虫害的苗木。

表3-2　苗木质量基本要求

项　目			要　求		
			2年生	1年生	芽　苗
品种与砧木			纯度≥95%		
根	侧根数量(条)	毛桃、新疆桃	≥4	≥4	≥4
		山桃、甘肃桃	≥3	≥3	≥3
	侧根粗度(厘米)		≥0.3		
	侧根长度(厘米)		≥15		
	病虫害		无根癌病和根结线虫病		
苗木高度(厘米)			≥80	≥70	—
苗木粗度(厘米)			≥0.8	≥0.5	—
茎倾斜度(°)			≤15	—	—
枝干病虫害			无介壳虫	—	—
整形带内饱满叶芽数(个)			≥6	≥5	接芽饱满,不萌发

7. 苗木假植、包装和运输

(1)假植　临时假植时，苗木应在背阴干燥处挖假植沟，将苗木根部埋入湿沙中进行假植。越冬假植时，假植沟挖在防寒、排水良好的地方，苗木散开后，将苗木的2/3埋入湿沙中，及时检查温、湿度，防止霉烂。

(2)包装　外运苗木每50株1捆或根据用户要求进行保湿包装。苗捆应挂标签，注明品种、苗龄、等级检验证号和数量。

(3)运输　苗木在汽车长途运输时，在运输前苗木需蘸泥浆，一般需盖防风棚布，途中可运2～3天。火车运输时，需用蒲包、草袋、塑料布、编织袋等将苗木包装好，以防苗木途中失水或磨损。在气候寒冷时，不宜长途运输苗木，以免根系受冻。另外，长途运输苗木时，必须有检疫证明。

(三)园地选择

1. 地势　平地地势平坦，土层深厚、肥沃，供水充足，气温变化缓和，桃树生长良好，但通风、排水不如山地，且易染真菌病害。平地还有沙地、黏地、地下水位高(高于1米)、盐渍地等不良因素，故先改造后建园为宜。山地和坡地通风透光、排水良好，栽植桃树病害少，品质优于平地桃园，如河北顺平县在山地栽培的大久保桃，果实个大，颜色好，硬度大，风味甜，果实性状优于在河北省平原地区栽培的大久保。桃树喜光，应选在南坡日光充足地段建园，但物候期较早，应注意花期晚霜的危害。现在提倡在山地建园，土壤、空气和水分未被污染或污染极轻，是生产安全果品的理想地方，且果实品质好。山地建园应在海拔2 000米以下为宜。

2. 土壤　桃树耐旱忌涝，根系好氧，适宜在土壤质地疏松、排水畅通的沙质壤土建园。在黏重和过于肥沃的土壤上种植桃树，易徒长，易患流胶病和颈腐病，一般不宜选用，尤其地下水位高的地区不宜栽桃。

3. 重茬　桃树对重茬反应敏感，往往表现生长衰弱，产量低，易流胶，易发生黄叶病，寿命短或生长几年后突然死亡等，但也有无异常表现的。重茬桃园生育不良和早期衰亡的原因很复杂。除了营养和病虫害原因之外，有人认为是桃树根残留物分解产生毒素，毒害幼树而导致树体死亡，如扁桃苷分解产生氢氰酸使桃根致死，因而尽可能避免在重茬地建园。

河北省农林科学院石家庄果树研究所从1998年开始试验研究，证明以下3种方法可以减轻重茬病的危害：一是先行间错穴栽植大苗，2～3年后再刨原树。原理是如果桃根系有生活力时，土壤中的根系不会产生毒素，这时栽植大苗并不表现重茬症状，之后将原树刨去，这时新栽小树已形成较大根系，再刨掉原树对小树的影响已很小。二是种植禾本科农作物。刨掉桃树后连续种植2～3年农作物(小麦、玉米)，对消除重茬的不良影响有较好效果。三是对要淘汰的桃树用拖拉机等将其拔掉，使其在土壤中尽量不留根系，比刨树效果好。然后挖大坑，彻底清除残根，晾坑3～5个月，到翌年春季定植新苗，挖定植穴时与旧坑错开，填入客土等都有较好效果。四是栽大苗。在栽植时，栽大苗(如2～3年生大苗)比小苗效果好。

(四)桃园规划设计

桃园规划设计包括桃园及其他种植业占地、防护林、道路、排灌系统和辅助建筑物占地等。规划时尽量提高桃树占地面积，控制非生产用地比率。多年经验认为，桃园各部分占地的大致比率为：桃树占地90%以上，道路占地3%左右，排灌系统占地1.5%，防护林占地5%左右，其他占地0.5%。

1. 园地(作业区)的区划　根据桃园的地形、地势和土壤条件，小气候特点和现代化生产的要求，因地制宜地划分作业区。作业区通常以道路或自然地形为界。作业区面积小者1公顷，大者

10 公顷不等，因地形、地势而异。地形复杂的山区，作业区的面积较小（3 335～13 340 米^2），丘陵或平原可大些（3.3～13.3 公顷）。作业区的形状以长方形为宜，有利于耕作和管理，长边与短边又可为 2∶1 或 5∶2～3。在山区长边须与等高线走向平行，有利于保持水土。小区长边与主要有害风向垂直，或稍有偏角，以减轻风害。

2. 道路系统的规划 根据桃园面积、运输量和农机具运行的要求，常将桃园道路按其作用的主次，设置成宽度不同的道路。主路较宽（6～8 米），并与各作业区和桃园外界连通，是产品和物资等的主要运输道路。作业区之间有支路（4～6 米）相连。作业区内为方便各项田间作业，必要时还可设置作业道（1～2 米）。道路尽可能与作业区边界相一致，避免道路过多地占用土地。

3. 排灌系统的规划 根据水源确定灌溉方式（沟灌、畦灌、喷灌、滴灌）和设计排水渠、灌水渠。通常灌溉渠道与道路相结合，排水渠与灌水渠共用。

4. 辅助建筑物 包括管理用房、药械、果品和农机具等的贮藏库、包装场、配药池、畜牧场和积肥场等。管理用房和各种库房，最好靠近主路交通方便、地势较高、有水源的地方。包装场和配药池等地最好位于桃园或作业区的中心部位，有利于果品采收集散和便于药液运输。畜牧场、积肥场则以水源方便和运输方便的地方为宜。山地桃园的包装场在下坡，积肥场在上坡。

5. 绿肥地 利用林间空隙地、山坡坡面、滩地种绿肥，必要时还应专辟肥源地，以供桃树用肥。

6. 防护林规划 桃园建立防护林可以改善桃园的生态条件，提高桃树的坐果率，增加果实产量，提高果实品质，取得良好经济效益。防护林能抵挡寒风的侵袭，降低桃园的风害，并能控制土壤水分的蒸发量，调节桃园的温、湿度，减轻或防止霜冻危害和土壤盐渍化。

(五)栽植密度

1. 适宜的栽植密度　一般密植栽培的株行距为2.5米×5～6米，普通栽培为4米×5～6米。行间生草，行内覆盖，或行间、全园进行覆草。通常山地桃园土壤较瘠薄，紫外线较强，会抑制桃树的生长，树冠较小，密度可比平原桃园大些。大棚或温室栽植时，一般密度为株距1～2米、行距2～2.5米。主干型整形可用株距1米、行距2～3米。

2. 高密栽植的利弊　在露地栽培条件下，高密栽培利少弊多。主要好处是由于单位面积栽植的株数多，土地利用率高，前期单位面积产量上升迅速，可早期达到最高产量，因而前期经济效益较高。其主要弊端有3个：一是高密桃园树体不易控制，光照差，极易发生郁闭。桃树为速生型树种，生长速度快，生长量大，随着树龄增大，树冠不断扩大，相互遮蔽，树冠内外郁闭，光能利用率下降，内膛枝枯死，产量下降。由于通风透光不良，病虫害严重，降低果实品质。二是果个较小。近几年生产实践证明，高密栽培难于生产出高质量果品。桃树在刚结果的1～3年，其果实较小，只有进入盛果期后，其果实大小才不断增大。高密栽培正是在初结果的2～3年有优势，而生产的果实大都果个小、质量差。三是管理难度加大。要建生态果园，必须实行果园生草制，高密栽培园难于实现生草。其他管理如施有机肥等难度也加大。

(六)苗木定植

1. 定植时期　在桃树生产中，有春栽、秋栽和冬栽3个时期。由于秋栽、冬栽比春栽发芽早，生长快，我国南部、中部地区采用秋栽较多。北方有灌溉条件且冬季不太寒冷地区也可采用秋栽。干旱、寒冷且无灌溉条件的北方地区，秋栽有抽条现象，所以应以春栽为主。春栽在石家庄地区一般在3月中旬左右。

2. 定植前的准备

(1)定植点测量　无论是哪种类型的桃园，都必须定植整齐，便于管理。因此，需在定植前根据规划的栽植密度和栽植方式，按株行距测量定植点，按点定植。

(2)定植穴准备　定植穴的大小，一般要求直径和深度为50～80厘米。土壤质地疏松的可浅些，而下层有胶泥层、石块或土壤板结的应深些。定植穴实际是小范围的土壤改良，因而土壤条件越差，定植穴的质量要求越高，尤其是深度要达60厘米以上为宜。如为质量好的地块，一般要求直径和深度为50厘米。

①挖穴：应以栽植点为中心，挖成上下一样的圆形穴或方形穴。最好是秋栽夏挖或春栽秋挖，可使土壤晾晒，充分熟化，积存雨雪，有利于根系生长。干旱缺水的桃园，蒸发量大，先挖穴跑墒，不如边挖边栽能保墒，可提高成活率。

②填土与施肥：栽植桃树前，可以先填入部分表土，再将挖出的土与充分发酵好的基肥混合后填入，边填边踏实。填土离地面约30厘米时，将填土堆成馒头形，踏实，覆一层底土，使根系不致与肥直接接触受到伤害。填土后有条件者可先灌1次水再栽树。

(3)苗木准备　重茬地栽培桃树时，最好栽植大苗，不栽半成苗。先将苗木按质量分级，剔除弱苗和病苗，并剪除根蘖及折伤的枝、根和死枝枯桩等。然后喷3～5波美度石硫合剂或用0.1%升汞液泡10分钟，再用清水冲洗。栽植前根部蘸泥浆保湿，有利于根系与土壤密接，可有效地提高成活率。为避免苗木品种混淆，栽植前先按品种规划计划的要求，将苗木按品种分发到定植穴边，并用湿土把根埋好，待栽。可在每行或两品种相连处挂上品种标签。同时，苗木应分级栽植，便于管理。可以适当定植部分假植苗，以防苗木死亡或被破坏后进行补栽。

3. 苗木定植及绘图　定植深度通常以苗木上的地面痕迹与地面相平为准，并以此标准调整填土深浅。栽植深浅调整好以后，苗木放入穴内，接口朝向主要有害风方向，将根系舒展，向四周均匀分布，尽可能不使根系相互交叉或盘结，并将苗木扶直，左右对准，使其纵横成行。然后填土，边填边踏边提苗，并轻轻抖动，以便根系向下伸展，与土紧密接触。填土至地平，做畦，灌水。1周后再灌1次水。定植后应立即绘制定植图。

4. 定植后管理　幼树由苗圃移栽到桃园后，抗逆性较弱，环境条件骤然改变，需要一段适应过程，因此定植后2～3年的管理水平对于保证桃树成活和早结果、早丰产至关重要，不可轻视。管理措施如下。

(1)及时灌水　虽然桃比较耐旱，但为了早丰产还是需要及时灌水，促进早成形，早开花结果。生长后期要少灌水，以免徒长而影响越冬。

(2)套袋保护　对金龟子发生严重的地区，对半成苗要套袋，保护接芽正常萌发成新梢，当新梢长至30厘米左右时立支棍保护。

(3)合理间作　行间可种植绿肥和其他农作物，但要与桃树生长期的营养需求不矛盾，如不争肥水，不诱发病虫害。

(4)防寒越冬　垒土埂，覆地膜，以及埋土，均可提高幼树的越冬能力。

第四章　坐果后至硬核期的管理

桃树坐果后至硬核期的时间在石家庄一般为4月中下旬至5月底。在不同地区发生时间不同,但持续时间基本一样,一般为40～50天。坐果后至硬核期是桃树管理的关键时期。此期管理对于果实最终大小与品质的形成有着重要的作用。主要管理内容是:疏果,依据品种特点、树体大小和销售目标确定负载量。同时,对中晚熟品种进行套袋。病虫害防治同样是必须加强的工作,虽然病害不在此时发生,但要注意预防。

一、疏　果

(一)疏果的好处

1. 增加单果重　桃树品种大多坐果率高,如果不疏果,果个小,即使产量高,也不能获得高的效益。

2. 提高果实品质　疏果可以增加外在品质(果实颜色和果形等),也可增加内在品质(可溶性固形物含量、香味、营养成分和可食率等)。

3. 调节平衡　调节营养生长与生殖生长的平衡,保证有合适的枝果比和叶果比。疏果后,可以在结果的同时,当年抽生出适宜的枝条,一方面制造营养物质满足当年果实和枝叶生长的需要,另一方面还可抽生出翌年适宜的结果枝。

(二)疏果的时期

疏果的时间与当年花期气候好坏有关。花期气温低时适当晚疏果。坐果率高或大小果表现较早的品种可以早疏,坐果率低或大小果表现较晚的品种要适当晚疏。

疏果分2次进行,第一次疏果一般在落花后15天左右,能辨出大小果时方可进行。留果量为最后留果量的2～3倍。第二次疏果即定果,定果时期是在完成第一次疏果之后就开始进行定果,在花后1个月左右进行,硬核之前结束。

(三)疏果的方法

疏果时疏除短圆形果,保留长圆形果,对于同一品种,长形果将来长成的果实较大。疏除朝天果,保留侧生果,并生果去一留一。疏除小果、萎黄果、畸形果和病虫害果。采用长枝修剪时,疏去长果枝基部的果,保留中上部的果。弱果枝和花束状果枝一般不留果,预备枝不留果。留果数量要考虑果实大小。一般长果枝留果3～5个(大中型果留3个,小型果留4～5个),中果枝留果1～3个(大中型果留1～2个,小型果留2～3个),短果枝留果1个或不留(大中型果每2～3个果枝留1个果,小型果每1～2个枝留1个果)。也可根据果间距进行留果,果间距为15～25厘米,依果实大小而定。留果量与树体部位及树势有关。树体上部的结果枝要适当多留果,下部的结果枝少留果,以果压冠,控制旺长,达到均衡树势的目的。树势强的树多留果,树势弱的树少留果。叶片黄化的树,不留果或少留果。

二、果实套袋

果实套袋是近年来在我国果树生产中推广应用的一项重要栽

培技术，在苹果、梨、桃、葡萄等果树上已广泛应用。对果树实施套袋栽培，不仅可以防止或减少裂果、减轻病虫危害，使果实色泽艳丽及减少机械损伤，而且符合无公害优质高效栽培的要求，是生产优质高档无公害果品、提高果实商品价值的有效途径。

（一）果实套袋的优点

1. 提高果品质量 套袋可以提高果实外在品质，明显改善果面色泽，使果面干净、鲜艳，提高果品外观质量。如燕红桃的果面为暗紫红色。经过套袋，变为粉红色，色泽艳丽。对于不易着色的晚熟品种，如中华寿桃、晚蜜等，经过套袋，增加着色面积，艳丽美观，果实表面光洁，深受消费者喜爱。

2. 减轻病虫危害及果实农药残留 果实套袋可有效地防止食心虫（梨小食心虫和桃蛀螟等）、椿象及桃炭疽病、褐腐病的危害，提高优质果率，减少损失。同时，由于套袋给果实创造了良好的小气候，避开了与农药的直接接触，果实中的农药残留也明显减少，已成为生产安全果品的主要手段。

3. 防止裂果 由于果实发育期长，一些晚熟品种果实长期受不良气候因素、病虫害、药物的刺激和环境影响，表面老化，在果实进入第三生长期时，果皮难以承受内部生长的压力，易于发生裂果。据调查，中华寿桃一般年份裂果率达 30%，个别年份高达 70%。如果进行套袋，可以有效地防止裂果，裂果率可降低至 1%。

4. 减轻和防止自然灾害 近几年，自然灾害发生频繁，如夏季高温、冰雹等在各地时有发生，给桃树生产带来了一定损失。试验证明，对果实进行套袋，可有效地防止果实日灼，并可减轻冰雹危害。

但是，果实套袋降低了果实的内在品质，主要表现为果实的可溶性固形物含量下降，香味变淡，同时增加了生产成本。

（二）果实袋的选择

纸袋的选择应根据品种特性和立地条件灵活选用。一般早熟品种、易于着色的品种或设施栽培的品种使用白色或黄色袋，晚熟品种用橙色或褐色袋。极晚熟品种使用深色双层袋（外袋为灰色，内袋为黑色）。经常遇雨的地区宜选用浅色袋。难以着色的品种要选用外白内黑的复合单层袋或外层为外白内黑的复合单层纸、内层为白色半透明的双层袋。晚熟桃如中华寿桃用双层深色袋最好。

（三）适宜套袋的品种

1. 自然情况下着色不鲜艳的晚熟品种 有些品种在自然条件下，可以着色，但是不鲜艳，表现为暗红色或深红色，如燕红等。

2. 自然情况下不易着色的品种 有些品种在自然条件下基本不着色，或仅有一点红晕，如深州蜜桃等。

3. 易裂果的品种 自然条件下或遇雨条件下易发生裂果，如中华寿桃、燕红、21 世纪、华光及瑞光 3 号等。

4. 加工制罐品种 自然条件下，由于太阳光照射，果肉内部易有红色素，影响加工性能。常见品种有金童系列品种。

5. 其他品种 由于套袋果实价格高，果农在一些早熟品种上也进行套袋，如早露蟠桃等。

（四）套袋的方法

1. 套袋时间 套袋在定果后进行，时间应掌握在主要蛀果害虫入果之前，石家庄地区大约在 5 月下旬开始。套袋前喷 1 次杀虫杀菌剂。不易落果的品种、早熟品种及盛果期树先套，易发生落果的品种及幼树后套。套袋应选择晴天，避开高温、雾天，更不能在幼果表面有露水时套袋，适宜时间为上午 9～11 时和下午 3～

6 时。

2. 套袋方法 套袋前将整捆果袋放于潮湿处，使之返潮、柔韧。选定幼果后，小心地除去附着在果实上的花瓣及其他杂物，左手托住纸袋，右手撑开袋口或用嘴吹开袋口，使袋体膨起及袋底两角的通气放水孔张开，手执袋口下2～3厘米处，袋口向上或向下，套入果实，套入果实后使果柄置于袋的开口基部（不要将叶片和枝条装入果袋内），然后从袋口两侧依次按折扇方式折叠袋口于切口处，将捆扎丝扎紧袋口于折叠处，于线口上方从连接点处撕开，将捆扎丝返转90°，沿袋口旋转1周扎紧袋口，防止纸袋被风吹落。注意一定要使幼果位于袋体中央，不要使幼果贴住纸袋，以免灼伤。另外，树冠上部及骨干枝背上裸露果实应少套，以避免日灼。套袋顺序是先上后下，从内到外，防止遗漏。无论绳扎或铁丝扎袋口均需扎在结果枝上，扎在果柄处易造成压伤或落果。

三、土肥水管理

（一）土壤管理

土壤管理是桃园的重要工作之一。良好的土壤管理是进行桃安全生产的前提，也是保护环境和实现可持续发展的基础。主要内容包括果园生草、果园覆草、果园间作和果园清耕等。土壤管理的主要目的是通过上述措施，提高土壤有机质含量，促进土壤保持或形成良好的团粒结构，土壤孔隙度适中，通透性良好，保水、保肥能力提高，减轻地表径流和风蚀；提高和保持园内土壤供肥和供水能力，使根系能健壮生长，不断提高吸收养分和水分的能力，保证满足桃树常年生长发育的需要。

1. 果园覆草 果园（桃园）覆草的主要草源是作物秸秆，所以覆草又叫覆盖作物秸秆。

(1)果园覆盖作物秸秆的效果

①作物秸秆含有桃树生长发育所需的营养成分：秸秆腐烂后是一种极好的腐殖质,可提供桃树生长所需的大量元素和微量元素。可以增加土壤团粒结构,以满足桃树的生长发育需要,促进树体生长健壮。果园覆盖秸秆后,土壤有机质及氮、磷、钾含量分别比对照增加 76.3%、21.5%、1.1%和 32.8%。

②调节地温,保护根系：果园土壤 0～10 厘米土层的根系易受外界气候条件的影响,冬季严寒、夏季高温都能导致对根系的伤害。而果园覆盖者,冬季土壤不易结冻或冻土层浅,夏季高温季节地温不超过 28℃,秋季地温下降慢,延长了桃树生长期,增加了营养积累。

③利于保墒,充分利用自然降水：果园覆盖秸秆能有效地减少土壤水分的地面蒸腾,增加土壤蓄水保水和抗旱能力。在山东莒县调查,覆盖秸秆后的 5 月中旬,10、30、50 厘米土层内的土壤含水量分别比未覆盖的提高了 35.6%、59.4%、75%。这说明果园覆盖作物秸秆是缺水地区解决灌溉的有效方法。同时,覆盖作物秸秆还能有效地避免降水对土壤表面的直接接触,减轻地面径流,防止土壤冲刷,增加水土保持性能。如地处山丘地的蓬莱县园艺场,1989 年 6 月 19～24 日,用麦秸覆盖果园 53 公顷,每 667 米^{2}用量 1 500 千克,厚 15～20 厘米。7 月 19 日降暴雨达 190 毫米,未发生径流,8 月 10 日测试,覆盖果园 0～20 厘米土壤含水量为 14%,而未覆盖的仅 6.7%。

④改良土壤：果园覆草可以显著提高土壤转化酶和脲酶活性。5 月份在 0～5 厘米土层中,转化酶活性提高了 72.29%,脲酶活性提高了 90.63%。在 5～20 厘米土层中,转化酶活性提高了 46.03%,脲酶活性提高了 126.32%。果园覆草提高了土壤酶的活性,从而加快了养分的转化;提高了土壤有机质含量,增加了土壤速效养分的含量。

覆草降低了表层土壤的容重，显著提高了土壤孔隙度，增大了土壤的透气性，其中5～10厘米土层的孔隙度提高3.86%，20～30厘米土层的孔隙度提高13.72%。

⑤促进树体生长发育：覆草后，改善了土壤环境，增强了桃树根系的生长、吸收和合成功能；同时，叶片大而浓绿，提高光合效能，促进树体生长发育，提高花芽分化质量，对增产提高质量有明显效果。

2. 果园覆盖作物秸秆的方法 果园覆盖作物秸秆一般全年都可进行，但春季首次覆盖应避开2～3月份土壤解冻期，以利于提高地温。就材料来源而言，夏收、秋收后覆盖可及时利用作物秸秆，减轻占地积压。第一次覆盖在10厘米地温达到10℃或麦收以后，可以充分利用丰富的麦秸、麦糠等。覆草以前应先灌透水，然后平整园地，整修树盘，使树干处略高于树冠下。

果园覆草以后，每年可在早春、花后、采收后分别追施氮肥。追肥时，先将草分开，沟施或穴施，逐年轮换施肥位置，施后适量灌水，也可在雨季将化肥撒施在草上，任雨水淋溶。果园覆草后，应连年补覆，使其继续保持厚20厘米，以保证覆草效果。连续覆盖3～4年以后，秋冬应刨园1次，深15～20厘米，将地表的烂草翻入，改善土壤团粒结构和促进根系的更新生长，然后重新进行覆草。

3. 果园覆草应注意的问题 一是覆草前宜深翻土壤，覆草时间宜在干旱季节之前进行，以提高土壤的蓄水保水能力。在未经深翻熟化的果园里，应在覆草的同时，逐年扩穴改良土壤，随扩随盖，促使根系集中分布层向下向上同时扩展。二是对于较长的秸秆如玉米秸秆，要轧碎后再使用。三是覆草后几年浅层根的密度大大增加，这对长树成花有好处，为保护浅层根，切忌“春夏覆草，秋冬除掉”，冬春季也不要刨树盘。四是覆草后不少害虫栖息草中，应注意向草上喷药，起到集中诱杀的效果。或将覆草翻开，撒上碳酸氢铵,可消灭害虫。秋季应清理树下落叶和病枝,防止病虫害的发生。五是果园覆草应保证质量,使草被厚度保持在20厘米以上,注意主干根颈部20厘米内不覆草,树盘内高外低,以免积涝。由于土壤微生物在分解腐烂过程中需要一定量的氮素,所以在覆草中须施氮肥,或在草上泼人粪尿。六是黏重土或低洼地的果园覆草,易引起烂根病的发生。因此,这类桃园不宜进行覆草。

4. 果园间作 宜在幼树园的行间进行,成龄果园一般不提倡间作。间作时应留出足够的树盘,以免影响桃树的正常生长发育。间作物以矮秆、生长期短、不与或少与桃树争肥争水的作物为主,如花生、豆类、葱蒜类及中草药等。

(二)施 肥

1. 追 肥

(1)追肥时期 追肥可在硬核期进行。石家庄地区在5月下旬至6月上旬,主要是促进果核和种胚发育、果实生长和花芽分化。

(2)追肥的种类 氮、磷、钾肥配合施用,以磷、钾肥为主,采用穴施法。

2. 旱地土壤的施肥

(1)基肥 施基肥要改秋施为雨季前施用。旱地桃施基肥不宜在秋季进行,主要原因有:一是秋施基肥无大雨,肥效长期不能发挥,多数年份必须等到翌年雨季大雨过后才逐渐发挥肥效。二是秋季开沟施基肥等于晾墒,土壤水分损失严重。三是施肥沟周围的土壤溶液浓度大幅度升高,对周围分布的根系有明显的烧伤作用,严重影响桃树根系的吸收和树体的生长。改秋施肥为雨季施肥,雨季土壤水分充足,空气湿度大,开沟施肥即使损失部分水分,但很快遇到雨水,土壤水分就会得到补充,不会对根系有烧伤作用。雨季温度高,水分足,施入的肥料、秸秆、杂草能很快腐熟分解，有利于桃树根系吸收，对当年树体生长、果实发育和花芽分化有好处。盛果期施肥量为优质有机肥5 000～6 000千克/667米^2。

(2)秸秆杂草覆盖　秸秆杂草覆盖物每年覆盖一次，近地面处每年腐烂一层，腐烂的秸秆杂草便是优质有机肥料，随雨水渗入土壤中，所以连年秸秆杂草覆盖的果园，土壤肥力、有机质含量、土壤结构及其理化性得到改善，减少普通栽培施用基肥的大量用工和用料的投资。

(3)根部追肥　旱地桃追肥要看天追肥或冒雨追肥，以速效肥为主，前期可适当追施氮肥，如腐熟的人粪尿、尿素等，后期则以追施磷、钾肥为主，如过磷酸钙、骨粉、草木灰等。追施方法应距植株50厘米以外开浅沟施和穴施，施后覆土。施肥量不宜过大。

(4)穴贮肥水　早春在整好的树盘中，自冠缘向里0.5米以外挖深50厘米、直径30厘米的小穴，穴数依树体大小而定，一般2～5个，将玉米秸、麦秸等捆成长40厘米、直径25厘米左右的草把，并先将草把放入人粪尿或0.5%尿素液中浸泡后，再放入穴中，然后肥土掺匀回填，或每穴追加100克尿素和100克过磷酸钙或复合肥，灌水覆膜。埋入草把后的穴略低于树盘，此后每1～2年可变换1次穴位。

(三)灌　水

1. 灌水时期　在硬核期进行灌水，主要是结合施肥进行。此时枝条和果实均生长迅速，需水量较多，枝条生长量占全年总生长量的50%左右。但硬核期对水分也很敏感，水分过多则新梢生长过旺，与幼果争夺养分，会引起落果。所以，灌水量应适中，不宜太多。在南方正值梅雨季节，应根据具体情况确定，如雨水过多，需加强排水。

2. 灌水方法

(1)地面灌溉　有畦灌和漫灌，即在地上修筑渠道和垄沟，将水引入果园。其优点是灌水充足，保持时间长，但用水量大，渠、沟耗损多，浪费水资源，目前我国大部分地区仍采用此方法。

(2)喷灌 喷灌在我国发展较晚，近10年发展迅速。喷灌比地面灌溉省水30%～50%，并有喷布均匀，减少土壤流失，调节果园小气候，增加果园空气湿度，避免干热、低温和晚霜对桃树的伤害等优点。同时节省土地和劳力，便于机械化操作。

(3)滴灌 滴灌是将灌溉用水在低压管系统中送达滴头，由滴头形成水滴后，滴入土壤而进行灌溉，用水量仅为沟灌的1/5～1/4，是喷灌的1/2左右，而且不会破坏土壤结构，不妨碍根系的正常吸收，具有节省土地、增加产量、防止土壤次生盐渍化等优点。有利于提高果品产量和品质，是一项有发展前途的灌溉技术，特别在我国缺水的北方，应用前途广阔。

四、病虫害预测预报

病虫害预测预报是科学制订桃树病虫害防治措施的前提。准确、及时的预测预报，可以减少用药次数，提高防治效果，并可以在一定程度上保护天敌。

(一)虫害预测预报

1. 物候法 有些桃树虫害的发生与物候期有着密切的关系。可以依据桃树的物候期发生的早晚来预测害虫发生的时期。如桃树蚜虫与桃树萌芽期有密切的关系，桃树蚜虫在桃树萌芽前后开始发生，之后迅速繁殖。梨小食心虫越冬代雄成虫的发生高峰与桃树盛花期有一定相关性。

物候预测预报具有简单、易行的特点，但是害虫实际的发生情况还受气候条件、天敌等因素的影响。因此，在实际应用中，还应考虑到这些因素。

2. 田间观察法 在对某一害虫的虫态、虫口基数等进行田间调查的基础上，根据此害虫的发生规律，结合天气信息，对其发生时间和数量进行预测预报。田间观察常采用五点式取样法进行调查，即按对角线，取5株树作为取样点，每天对这5个取样点进行害虫发生情况调查。桃园的面积越大，取样点越多，代表性越强。

桃树果实一旦受到害虫危害，就失去经济价值，因此田间观察法仅适用不直接为害桃果的害虫，如桃树蚜虫、红蜘蛛等。

3. 黑光灯法 黑光灯法是根据害虫的趋光性进行预测测报。通过在田间设置黑光灯诱捕成虫，根据不同时期诱捕的成虫数量与雌雄性比等参数，结合成虫的产卵及卵孵化所需时间，预测幼虫孵化高峰日期。此方法适用的害虫有桃蛀螟、卷叶蛾等趋光性较强的害虫。

4. 信息素法 多种害虫性成熟后，雌成虫通过释放性信息素作为传递信息，吸引雄虫进行交尾。信息素法就是利用人工合成的害虫性信息素来诱捕害虫雄虫，记录每天诱捕的虫数，观察发生高峰期，结合天气信息，预测幼虫产卵和孵化时间，指导害虫防治。此法适用的桃树害虫有梨小食心虫、桃小食心虫和桃潜叶蛾等。

5. 糖醋液法 糖醋液法是根据害虫的趋化性进行预测预报。糖醋液一般由绵白糖、乙酸（醋）、无水乙醇（酒）和水配制而成，又叫糖醋酒液。在桃园中，对糖醋液有强烈趋性的害虫如梨小食心虫、桃蛀螟、卷叶蛾、白星花金龟和桃红颈天牛等，可以应用糖醋液法进行预测预报。糖醋液配制比例因诱捕害虫种类而异。目前预报梨小食心虫较好的配方是：绵白糖、乙酸（分析纯）、无水乙醇（分析纯）及自来水的比例为3∶1∶3∶80。

（二）病害预测预报

桃树病害发生初期，分生孢子虽已侵染发病部位，但没有明显症状，一旦表现出可以观察到的症状时，就已经造成了不可逆转的损失。所以,病害应以防为主,预测预报也就显得更加重要。常见的预测预报有经验法、田间调查法和孢子捕捉法。

1. 经验法 经验法是指在对某种病害发生规律进行长期观察并非常了解的基础上,依据多年的经验,对某一病害的发生趋势做出预测。一般经验丰富的果农、“老把式”、老技术员多用此方法,但此法仅适用于环境条件比较稳定的地区,因为病害的发生也与环境条件有密切的关系。

2. 田间调查法 桃园病害的发生受多种因素影响,如桃园内环境因子(温、湿度等)、气象因子(风、雨等)、桃树栽培管理措施以及昆虫活动等。通过对病害发生情况和田间温、湿度情况的定期、定点调查,结合往年病害发生情况,预测病害发生趋势。田间调查的内容主要包括2个方面,一是调查桃园内环境因子,如温、湿度等;二是调查病害的发生情况。调查点一般采用对角线五点取样法。

3. 孢子捕捉法 此方法需使用孢子捕捉仪进行孢子捕捉。从桃树开花前开始,将孢子捕捉仪放置在桃园内通风处。捕捉仪上放置涂有凡士林的玻片,在显微镜下观察玻片上捕捉到预测对象的孢子数,一般观察3～5个视野即可,计算每个视野内的平均孢子数,并记录天气情况。要注意及时更换涂有凡士林的玻片。

一般年份,当某一病害的分生孢子捕捉量突然增多或居高不下时,即为孢子散发始盛期,如果此时伴有降雨,即意味着侵染盛期来临,应及时预报。为使病害发生期的预测预报更加科学和准确,需要将孢子捕捉量与天气预报及病害发生的历史资料等结合起来。

(三)病虫害预测预报的注意事项

病虫害的发生除了受到自身遗传特性的影响,还受到各种外界环境条件、品种抗性等因素的影响,在病虫害预测预报过程中,

需综合考虑各种因素的实际情况，以做出正确的预测预报。在病虫害预测预报中应注意以下几点：一是根据测报对象，选择适宜的测报方法。采用何种预测预报方法要因病虫害种类而异。对于趋光性强的可以用黑光灯进行预报，对于具有释放性信息素来传递信息特性的用性信息素法。二是多种预测预报方法相结合，提高预报的准确率。有时单一应用一种预测预报方法准确率低，应与其他的预测预报方法结合使用。如预报蚜虫的发生，可以将物候法与田间观察法相结合使用。三是全面掌握各种相关资料，综合考虑各种相关因素。尽量全面掌握当地各种气象资料（尤其是温度、湿度、降水等）及病虫害发生规律及防治技术措施等相关材料，这些信息在预报时要作为重要因素加以考虑。四是认真分析预报与实际结果差异，及时总结经验教训。准确及时的预报是我们追求的目标。因为影响准确预报的因素极为复杂，不可能全部预报准确，但要在病虫害发生盛期，了解发生的实际情况，找出预报成功的经验或失误的原因，为以后开展预报积累经验。

五、病虫害防治

（一）主要病害及防治方法

病害防治要以预防为主，一旦发生就更难以防治。桃树的病害虽然在此时没有发生，但是要进行化学防治。桃树主要的病害有桃细菌性穿孔病、桃树根癌病、桃疮痂病、桃炭疽病、桃褐腐病等。

1. 桃细菌性穿孔病

（1）危害症状　主要危害叶片，也可危害新梢和果实。发病初期叶片上呈半透明水渍状小斑点，扩大后为圆形或不规则形、直径1～5毫米的褐色病斑，边缘有黄绿色晕环，病斑逐渐干枯，周边形成裂缝，仅有一小部分与叶片相连，脱落后形成穿孔。新梢受害时，初呈圆形或椭圆形病斑，后凹陷龟裂，严重时新梢枯死。被害果初为褐色水渍状小圆斑，以后扩大成暗褐色稍凹陷的斑块，空气潮湿时产生黄色黏液，干燥时病部发生裂痕。

（2）发病规律　病原菌在病枝组织内越冬，翌年春随气温上升，潜伏的细菌开始活动，借风雨、露滴及昆虫传播。在降雨频繁、多雾和温暖阴湿的气候条件时发病严重，干旱少雨时发病轻。树势弱、排水和通风不良的桃园发病重，虫害严重如红蜘蛛为害猖獗时，发病重。

（3）防治方法

①农业防治：加强桃园综合管理，增强树势，提高抗病能力。园址切忌建在地下水位高的地方或低洼处。土壤黏重和雨水较多时，要筑台田，改土防水。同时要合理整形修剪，改善通风透光条件。

②化学防治：芽膨大前期喷施 2～5 波美度石硫合剂或 1∶1∶100波尔多液，杀灭越冬病菌。展叶后至发病前喷施 70%代森锰锌可湿性粉剂 500 倍液，或硫酸锌石灰液（硫酸锌 0.5 千克、消石灰 2 千克、水 120 升）1～2 次。5～6 月份喷施 65%代森锌可湿性粉剂 500 倍液＋72%农用链霉素可溶性粉剂 3 000 倍液 2～3 次，与 80%代森锰锌可湿性粉剂 800 倍液交替使用。

2. 桃树根癌病

（1）症状　根瘤主要发生于根颈部，也发生于主根、侧根。根瘤通常以根颈和根为轴心，环生和偏生一侧，数目少的 1～2 个，多者 10 余个。大小相差较大，大的如核桃大或更大，小的如豆粒。有时若干瘤形成一个大瘤。初生瘤光洁，多为乳白色，少数微红色，后渐变成褐色至深褐色，表面粗糙，凹凸不平，内部坚硬。后期为深黄褐色，易脱落，有时有腥臭味。老熟根瘤脱落后，其附近处还可产生新的次生瘤。发病植株表现为地上部生长发育受阻，树势衰弱,叶薄,色黄,严重时死亡。

(2)发病规律　病原菌存活于癌组织皮层和土壤中,可存活 1 年以上。传播的主要载体是雨水、灌溉水、地下害虫和线虫等,苗木带菌是远距离传播的主要途径。病菌从嫁接口、虫伤、机械伤及气孔侵入寄主。林、果苗与蔬菜重茬及果苗与林苗重茬一般发病重,特别是桃苗与杨苗、林地苗重茬根瘤发生明显增多。碱性土壤、土壤湿度大、黏性土、排水不良等有利于病菌侵染和发病。

(3)防治方法

①农业防治:避免重茬。栽种桃树或育苗忌重茬,也不要在原林果园地种植。嫁接苗木采用芽接法。以避免伤口接触土壤,减少传染机会。对碱性土壤应适当施用酸性肥料或增施有机肥和绿肥等,以改变土壤,使之不利于发病。

②化学防治:一是苗木消毒。仔细检查,先去除病、劣苗,然后用 K84 生物农药 30～50 倍液浸根 3～5 分钟,或 3%次氯酸钠溶液浸 3 分钟,或 1%硫酸铜溶液浸 5 分钟后再放到 2%石灰液中浸 2 分钟。以上 3 种消毒法同样也适于桃核处理。二是病瘤处理。在定植后的桃树上发现有瘤时,先用快刀彻底切除根瘤,然后用 1%硫酸铜溶液或 80%402 抗菌剂乳油 50 倍液消毒切口,再外涂波尔多液保护。

3. 桃疮痂病

(1)危害症状　主要危害果实,也可危害枝梢和叶片。果实发病初期时出现绿色水渍状小圆斑点,后渐呈暗绿色。本病与细菌性穿孔病很相似,但区别在于病斑有绿色,严重时 1 个果上可有数十个病斑。病菌侵染仅限于表皮病部木栓化,随果实增大,形成龟裂。病斑多发生于果肩部。幼梢发病时,初期为浅褐色椭圆形小点,后由暗绿色变为浅褐色和褐色,严重时小病斑连成大片。叶片发病时,叶背出现多角形或不规则形灰绿色病斑,以后两面均为暗绿色,渐变成褐色至紫褐色。最后病斑脱落,形成穿孔,重者落叶。

(2)发病规律　病菌在1年生枝病斑上越冬，翌年春病原孢子以雨水、雾滴、露水为载体进行传播。一般情况下，早熟品种发病轻，中晚熟品种发病重。病菌发生最适温度为20℃～27℃，多雨潮湿的天气或黏土地、树冠郁闭的果园容易发病。

(3)防治方法

①农业防治：加强桃园管理，及时进行夏季修剪，改善通风透光条件，防止郁闭，降低湿度。桃园铺地膜，可明显减轻发病。果实套袋可以减轻病害发生。

②化学防治：芽膨大前期喷施2～5波美度石硫合剂。落花后根据天气情况，每15天喷施1次70%代森锰锌可湿性粉剂500倍液，或70%甲基硫菌灵可湿性粉剂800倍液等。药剂要交替使用。

4. 桃炭疽病

(1)危害症状　主要危害果实，也可危害叶片和新梢。幼果指头大时即可感病，初为淡褐色小圆点，后随果实膨大呈圆形或椭圆形，红褐色，中心凹陷。气候潮湿时，在病部长出橘红色小粒点，幼果感病后便停止生长，形成早期落果。气候干燥时，形成僵果残留在树上，经冬雪风雨不落。成熟期果实感病，初为淡褐色小病斑，渐扩展成红褐色同心环状，并融合成不规则大斑。病果多数脱落，少数残留在树上。新梢上的病斑呈长椭圆形，绿褐色至暗褐色，稍凹陷，病梢叶片呈上卷状，严重时枝梢枯死。叶片病斑圆形或不规则形，淡褐色，边缘清晰，后期病斑为灰褐色。

(2)发病规律　病菌以菌丝在病枝、病果上越冬。翌年春借风雨、昆虫传播，形成第一次侵染。5月上旬受侵染幼果开始发病。高湿是发病的主导诱因。花期低温多雨有利于发病，果实成熟期温暖、多雨，以及粗放管理、土壤黏重、排水不良、施氮过多、树冠郁闭的桃园发病严重。

(3)防治方法

①农业防治：一是桃园选址。切忌在低洼、排水不良的黏质土壤建园。尤其在江河湖海及南方多雨潮湿地区建园，要起垄栽植，并注意品种的选择。二是加强栽培管理。多施有机肥和磷、钾肥，适时夏季修剪，改善树体结构，通风透光。及时摘除病果，减少病原。

②化学防治：萌芽前喷2～5波美度石硫合剂。花前喷施70%甲基硫菌灵可湿性粉剂1 500倍液，或50%多菌灵可湿性粉剂600～800倍液，或80%代森锰锌可湿性粉剂800倍液，或1%中生菌素水剂200倍液，每隔10～15天喷1次药，连喷3次。药剂最好交替使用。

5. 桃褐腐病

(1)危害症状　果实从幼果期、成熟期至贮运期都可发病，但以生长后期和贮运期果实发病较多而重。果实染病后，果面开始出现小的褐色斑点，后迅速扩大为圆形褐色大斑，果肉呈浅褐色，并很快烂透整个果实。同时，病部表面长出质地密集的串珠状灰褐色或灰白色霉丛，初为环纹状，并很快遍及全果。烂果除少数脱落外，大部分干缩成褐色至黑色僵果，经久不落。感病花瓣、柱头初为褐色斑点，渐蔓延至花萼与花柄，长出灰色霉。气候干燥时则萎缩干枯，长留树上不落。嫩叶发病常自叶缘开始，初为暗褐色病斑，并很快扩展至叶柄，叶片如霜害，病叶上常具灰色霉层，也不易脱落。枝梢发病多为病花梗，病叶及病果中的菌丝向下蔓延所致，渐形成长圆形溃疡斑。当病斑扩展环绕枝条一周时，枝条即枯死。

(2)发病规律　病菌在僵果和被害枝的病部越冬。翌年春借风雨、昆虫传播，由气孔、皮孔、伤口侵入，为初次侵染。分生孢子萌发产生芽管，侵入柱头、蜜腺，造成花腐，再蔓延至新梢。病果在适宜条件下长出大量分生孢子，引起再侵染。多雨、多雾的潮湿气候有利于发病。

(3)防治方法

①农业防治：加强果园管理，搞好夏季修剪，通风透光。及时防治椿象、食心虫、桃蛀螟等，减少伤口。

②化学防治：芽膨大期喷施2～5波美度石硫合剂。花后10天至采收前20天，喷施25%戊唑醇可湿性粉剂1 500倍液+70%丙森锌可湿性粉剂700倍液，或24%腈苯唑悬浮剂2 500倍液，或70%代森锰锌可湿性粉剂600～800倍液，或70%甲基硫菌灵可湿性粉剂800倍液，或50%多菌灵可湿性粉剂600～800倍液等防治。

(二)主要虫害及防治方法

1. 梨小食心虫

(1)为害症状　初期发生的幼虫主要为害桃树新梢，从新梢未木质化的顶部蛀入，向下部蛀食，桃梢受害后梢端中空，当到木质化部分时，便从中爬出，转至另一新梢为害。也可为害果实。受害桃果上有蛀孔，有的从蛀果处流胶，并引起腐烂。蛀孔部位包括果实顶部、胴部和梗洼处，通过调查发现，油桃从梗洼处蛀入的较多。

(2)发生规律　在河北省中南部1年发生4～5代。以老熟幼虫在枝干老翘皮和根颈裂缝处及土中结成灰白薄茧越冬。也有的在绑缚物、果品库及果品包装中越冬。翌年4月份化蛹，之后羽化为成虫后，在桃叶上产卵，第一代和第二代幼虫主要为害桃树新梢。为害果实的产卵于果实表面。在石家庄地区一般7～8月份发生的幼虫主要为害果实和新梢，梨小食心虫幼虫一般只为害即将成熟的果实和正在生长的嫩梢。到9月份之后，由于没有正在生长的嫩梢，主要为害果实。成虫白天多静伏在叶枝、杂草等隐蔽处，黄昏后活动，对性诱剂、糖醋液及黑光灯有强烈的趋性。后期发生不整齐，世代交替。一般在与梨混栽或邻栽的桃园发生重，山地、管理粗放的果园发生较重。雨水多的年份，湿度大，成虫产卵多，为害严重。

(3)防治方法

①农业防治：种植诱集植物。在桃园周围零星种植李树，诱集梨小食心虫产卵，李果被梨小食心虫蛀食，在其脱果前，及时摘除全部受害李果。

②物理防治：用黑光灯、性诱剂和糖醋液等诱杀成虫，也可作为预测预报。

③生物防治：释放松毛虫赤眼蜂，防治梨小食心虫。用梨小食心虫性诱剂迷向法干扰成虫正常交尾。

④化学防治：关键时期是成虫发生至孵化幼虫蛀梢和蛀果前。在每一代成虫发生高峰期开始进行化学防治，可连续喷药 2 次，相差 5 天左右。幼虫一旦进入新梢或果实为害，进行化学防治的效果就很差。适宜的农药有 35％氯虫苯甲酰胺水分散粒剂 7 000～10 000 倍液，或 25％灭幼脲 3 号悬浮剂 1 500 倍液，或 1％苦参碱可溶性液剂1 000倍液，或白僵菌(高温高湿季节)，或 48％毒死蜱乳油 1 000 倍液，或 2.5％高效氯氟氰菊酯乳油 1 000 倍液，或 2％甲维盐微乳油 3 000 倍液，或 1.8％阿维菌素乳油 4 000 倍液，或 25％氰戊菊酯乳油 2 000～2 500 倍液＋25％灭幼脲 3 号悬浮剂 1 500 倍液等。

2. 茶翅蝽

(1)为害症状　主要为害果实，从幼果至成熟果实均可为害，果实被害后，呈凸凹不平的畸形果，果肉下陷并变空，木栓化，僵硬，失去食用价值。

(2)发生规律　每年发生 1 代，以成虫在村舍檐下、墙缝空隙内及石缝中越冬。4 月下旬出蛰，5 月上旬扩散至田间进行为害。6 月上旬田间出现大量初孵若虫，小若虫先群集在卵壳周围成环状排列，二龄以后渐渐扩散到附近的果实上取食为害。田间的畸形果主要为若虫为害所致，新羽化的成虫继续为害直到果实采收。9 月中旬以后成虫开始寻找场所越冬。茶翅蝽成虫有一定飞翔能力，但一旦进入桃园，在无惊扰的条件下，迁飞扩散并不活跃。一般早晨成虫不易飞翔。桃园中桃果的受害率有明显边行重于中央的趋势。

(3)防治方法　茶翅蝽的成虫具有飞翔能力，树上喷药对成虫的防效很差，主要采用农业防治方法。

①农业防治：越冬成虫出蛰后，根据其首先集中为害果园外围树木及边行的特点，于成虫产卵前早晚震树捕杀。结合其他管理措施，随时摘除卵块及捕杀初孵若虫。在产卵和为害前进行果实套袋。

②物理防治：主要是腐尸浸出液忌避，方法是将人工收集到的约400只茶翅蝽成虫死尸捣烂，再装入塑料袋内扎口，于阳光下暴晒，有臭味散发后，加入少量酒精或清水浸泡3小时，然后滤出浸出液，再加水100倍左右喷洒。

③化学防治：在早晨用菊酯类农药进行防治。

3. 桃蛀螟

(1)为害症状　以幼虫为害果实。卵产于两果之间或果叶连接处，幼虫易从果实肩部或两果连接处进入果实，并有转果习性。蛀孔处常分泌黄褐色透明胶汁，并排泄粪便粘在蛀孔周围。

(2)发生规律　在我国北方1年发生2～3代。以老熟幼虫在向日葵花盘、茎秆或玉米以及树体粗皮裂缝、树洞等处做茧越冬。5月下旬至6月上旬发生越冬代成虫，第一代成虫发生在7月下旬至8月上旬。第一代幼虫主要为害桃，第二代幼虫多为害晚熟桃、向日葵、玉米等。成虫白天静伏于树冠内膛或叶背，傍晚产卵，主要产于果实表面。成虫对黑光灯有强烈趋性，对花蜜、糖醋液也有趋性。

(3)防治方法

①农业防治：间作诱集植物(玉米、向日葵等)，开花后引诱成虫产卵，可定期喷药消灭。

②物理防治：利用黑光灯、糖醋液和性诱剂诱杀成虫。

③化学防治：在各成虫羽化产卵期喷药1～2次。交替使用2.5%高效氯氟氰菊酯乳油3 000倍液，或2.5%溴氰菊酯乳油2 000～3 000倍液，或20%杀铃脲悬浮剂8 000倍液。

4. 苹小卷叶蛾

(1)为害症状　幼虫吐丝缀叶，潜居其中为害，使叶片枯黄，破烂不堪，并将叶片缀贴到果上，啃食果皮和果肉，把果皮啃成小凹坑。

(2)发生规律　1年发生3～4代，以幼虫在剪锯口、老树皮缝隙内结白色小茧越冬。翌年桃树发芽时幼虫开始出蛰，蛀食嫩芽。以后吐丝将叶片连缀，并可转叶为害，幼虫非常活泼。幼虫老熟后，在卷叶内或缀叶间化蛹。成虫夜晚活动，有趋光性，对糖醋液趋性很强。

(3)防治方法

①农业防治：发现有吐丝缀叶的幼虫，及时剪除虫梢，消灭正在为害的幼虫。桃果接近成熟时，摘除果实周围的叶片，防止幼虫贴叶为害。

②物理防治：树冠内挂糖醋液诱集成虫。有条件的桃园，可设置黑光灯和性诱剂诱杀成虫。

③生物防治：在卵期可释放赤眼蜂，幼虫期释放甲腹茧蜂，保护好狼蛛。

④化学防治：在苹小卷叶蛾第一代和第二代发生高峰期，用52.25%氯氰·毒死蜱乳油2 000倍液进行防治。

5. 桑白蚧

(1)为害症状　以若虫和成虫刺吸寄主汁液，虫量特别大时，完全覆盖树皮，甚至相互叠压在一起，形成凸凹不平的灰白色蜡质。受害重的枝条，发育不良，严重者可整株死亡。

(2)发生规律　在华北地区1年发生2代，以受精雌虫在枝干上越冬。4月下旬产卵，卵产于壳下。若虫孵出后，爬出母壳，在2～5年生枝上固定吸食，5～7天开始分泌蜡质。

(3)防治方法

①农业防治：在果园初发现桑白蚧时，剪除虫枝烧毁。

②生物防治：保护天敌，主要有红点唇瓢虫、日本方头甲寄生蜂、桑白蚧恩蚜小蜂、草蛉等。

③化学防治：喷药时期必须在幼虫出壳后，但尚未分泌蜡粉之前的1周内才有效。可喷施48%毒死蜱乳油1500倍液。

6. 桃球坚介壳虫

(1)为害症状　虫体固着于2年生及以上枝条上，初期虫体背面分泌出白色卷发状的蜡丝覆盖虫体，之后虫体背面形成一层白色蜡壳，形成“硬壳”后渐进入越冬状态。

(2)发生规律　1年发生1代，以二龄若虫在为害枝条原固着处越冬，越冬若虫多包于白色蜡堆里。翌年3月上中旬越冬若虫开始活动为害，4月上旬虫体开始膨大，4月中旬雌雄性分化。雌虫体迅速膨大，雄虫体外覆一层蜡质，并在蜡壳内化蛹。4月下旬至5月上旬雄虫羽化与雌虫交尾，5月上中旬雌虫产卵于母壳下面。5月中旬至6月初卵孵化，若虫自母壳内爬出，多寄生于2年生枝条。固着后不久的若虫便自虫体背面分泌出白色卷发状的蜡丝覆盖虫体，6月中旬后蜡丝经高温作用而融成蜡堆将若虫包埋，至9月份若虫体背面形成一层污白色蜡壳，进入越冬状态。桃球坚蚧的重要天敌是黑缘红瓢虫，雌成虫被取食后，体背一侧具有圆孔，只剩空壳。

(3)防治方法　桃球坚蚧身披蜡质，并有坚硬的介壳，必须抓住两个关键时期喷药，即越冬若虫活动期和卵孵化盛期喷药。

①农业防治和生物防治：在群体量不大或已错过防治适期，且受害又特别严重的情况下，在春季雌成虫产卵以前，采用人工刮除的方法防治，并注意保护利用黑缘红瓢虫等天敌。

②化学防治：铲除越冬若虫。早春芽萌动期，用石硫合剂均匀喷布枝干，也可用95%机油乳剂50倍液+5%高效氯氰菊酯乳油1500倍液喷布枝干。孵化盛期喷药。6月上旬观察到卵进入孵化盛期时，全树喷布5%高效氯氰菊酯乳油2000倍液或20%氰戊菊酯乳油3000倍液。

7. 桃绿吉丁虫

(1)为害症状　幼虫孵化后由卵壳下直接蛀入，幼虫在枝干皮层内、韧皮部与木质部间蛀食，蛀道较短且宽，隧道弯曲不规则，粪便排于隧道中，在较幼嫩光滑的枝干上，被害处外表常呈褐色至黑色，后期常纵裂。在老枝干和皮厚粗糙的枝干上外表征状不明显，难以发现。被害株轻者树势衰弱，重者枝条甚至全株死亡。成虫可少量取食叶片，为害不明显。主干被蛀一圈便枯死。

(2)发生规律　每1～2年发生1代，至秋末少数老熟幼虫蛀入木质部，做船底形蛹室于内越冬，未老熟者便于蛀道内越冬。翌年桃树萌芽时开始活动为害。成虫白天活动，产卵于树干粗糙的皮缝和伤口处。幼虫孵化后，先在皮层蛀食，逐渐深入皮层下，围绕树干串食，常造成整枝或整株枯死。8月份以后，蛀入木质部，秋后在隧道内越冬。

(3)防治方法

①农业防治：对于大的伤口，要用塑料布包裹起来，防止产卵。幼虫为害时期，树皮变黑，用刀将皮下的幼虫挖出，或用刀在被害处顺树干纵划2～3刀，阻止树体被虫环割，避免整株死亡，也可杀死其中幼虫。

②化学防治：可用5%高效氯氰菊酯乳油100倍液刷干，毒杀幼虫。成虫发生期，喷5%高效氯氰菊酯乳油2000倍液防治。

以上这些害虫是此期新发生的虫害，在此期间延续的虫害主要有桃红颈天牛、绿盲蝽。没有防治好或发生重的年份可能还有蚜虫、红蜘蛛及二斑叶螨等发生。防治桃红颈天牛主要是在发现有虫粪的地方，挖、熏、毒杀幼虫。防治绿盲蝽主要在下午用菊酯类农药进行防治。

六、生理病害防治

(一)缺氮症

1. 危害症状　土壤缺氮会使全株叶片上形成坏死斑。缺氮枝条细弱，短而硬，皮部呈棕色或紫红色。缺氮的植株果实早熟，上色好。离核桃的果肉风味淡，含纤维多。

2. 发生规律　缺氮初期，新梢基部叶片逐渐变成黄绿色，枝梢也随即停长。继续缺氮时，新梢上的叶片由下而上全部变成黄色。叶柄和叶脉则变红，因为氮素可以从老熟组织转移到幼嫩组织中，所以缺氮症多在较老的枝条上表现得比较显著，幼嫩枝条表现较晚而轻。严重缺氮时，叶脉之间的叶肉出现红色或红褐色斑点。到后期，许多斑点发展成坏死斑，这是缺氮的特征。土壤瘠薄、管理粗放、杂草丛生的桃园易表现缺氮症。在沙质土壤上的幼树，新梢速长期或遇大雨，几天内即表现出缺氮症。

3. 防治方法　桃树缺氮时应在施足有机肥的基础上，适时追施氮素化肥。

(1)增施有机肥　早春或晚秋，最好是在晚秋，按 1 千克桃果施 2～3 千克有机肥的比例开沟施有机肥。

(2)根部和叶部追施化肥　追施氮肥，如硫酸铵、尿素。施用后症状很快得到矫正。在雨季和秋梢迅速生长期，树体需要大量氮素，而此时土壤中氮素易流失。除土施外，也可用 0.1%～0.3%尿素溶液喷布树冠。

(二)缺磷症

1. 危害症状 缺磷较重的桃园,新生叶片小,叶柄及叶背的叶脉呈紫红色,以后呈青铜色或褐色,叶片与枝条呈直角。

2. 发生规律 由于磷可从老熟组织转移到新生组织中被重新利用,因此老叶片首先表现症状。缺磷初期,叶片较正常,或变成浓绿色或暗绿色,似氮肥过多。叶肉革质,扁平且窄小。缺磷严重时,老叶片往往形成黄绿色或深绿色相间的花叶,叶片很快脱落,枝条纤细。新梢节短,甚至呈轮生叶,细根发育受阻,植株矮化。果实早熟,汁液少,风味不良,并有深的纵裂和流胶。

3. 防治方法

(1)增施有机肥料 秋季施入腐熟的有机肥,施入量为桃果产量的2～3倍。

(2)施用化肥 施用过磷酸钙、磷酸氢二铵或磷酸二氢钾。将过磷酸钙和磷酸二氢钾混入有机肥中一并施用,效果更好。磷肥施用过多时,可引起缺铜、缺锌现象。轻度缺磷的园片,生长季节喷0.1%～0.3%磷酸二氢钾溶液2～3遍,可使症状得到缓解。

(三)缺钾症

1. 危害症状 缺钾症状的主要特征是叶片卷曲并皱缩,有时呈镰刀状。晚夏以后叶片变成浅绿色。严重缺钾时,老叶主脉附近皱缩,叶缘或近叶缘处出现坏死,形成不规则边缘和穿孔。

2. 发生规律 缺钾初期,表现枝条中部叶片皱缩。继续缺钾时,叶片皱缩更明显,扩展也快。此时遇干旱,易发生叶片卷曲现象,以至全树呈萎蔫状。缺钾而卷曲的叶片背面,常变成紫红色或淡红色。新梢细短,易发生生理落果,果个小,花芽少或无花芽。

3. 防治方法 桃树缺钾,应在增施有机肥的基础上注意补施一定量的钾肥,避免偏施氮肥。生长季喷施0.2%磷酸二氢钾、硫酸钾或硝酸钾溶液 2～3 次，可明显防治缺钾症状。

(四)缺 铁 症

1. 危害症状 桃树缺铁主要表现叶脉保持绿色，而脉间褪绿。严重时整片叶全部黄化。最后白化，导致幼叶、嫩梢枯死。

2. 发病规律 由于铁在植物体内不易移动，缺铁症从幼嫩叶片上开始。开始叶肉先变成黄色，而叶脉保持绿色，叶面呈绿色网纹失绿。随着病势发展，整叶变成白色，失绿部分出现锈褐色枯斑或叶缘焦枯，引起落叶，最后新梢顶端枯死。一般树冠外围、上部的新梢顶端叶片发病较重，往下的老叶病情依次减轻。

3. 防治方法 一是增施有机肥或酸性肥料等，降低土壤 pH 值，促进桃树对铁元素的吸收利用。二是缺铁较重的桃园，可以施用可溶性铁，如硫酸亚铁、螯合铁和柠檬酸铁等。在发病桃树周围挖 8～10 个小穴，穴深 20～30 厘米，穴内施 2％硫酸亚铁溶液，每株施用 6～7 克。喷 1 000～1 500 毫克／千克硝基黄腐酸铁溶液，每隔 7～10 天 1 次，连喷 3 次。三是适时适量灌水，合理负载。土肥管理要科学，减少伤根。高接时，除保留嫁接芽外，还可先保留一些不影响接芽生长的其他水平或下垂枝条。四是当黄化株较严重，不易逆转时，可以考虑重新栽树。

(五)缺 锌 症

1. 危害症状 桃树缺锌症主要表现为小叶，所以又叫“小叶病”。新梢节间短，顶端叶片挤在一起呈簇状，有时也称“丛簇病”。

2. 发生规律 桃树缺锌症以早春症状最明显，主要表现在新梢及叶片上，而以树冠外围的顶梢表现最为严重。一般病枝发芽晚，叶片狭小细长，叶缘略向上卷，质硬而脆，叶脉间呈现不规则的黄色或褪绿部位，这些褪绿部位逐渐融合成黄色伸长带，从靠近中脉至叶缘，在叶缘形成连续的褪绿边缘。与缺锰症不同的是多数

叶片沿着叶脉和围绕黄色部位有较宽的绿色部分。由于这种病梢生长停滞,故病梢下部可另发新梢,但仍表现出相同的症状。病枝上不易成花坐果,果小而畸形。

3. 防治方法

(1)土壤施锌　结合秋施有机肥,每株成龄树加施 0.3～0.5 千克硫酸锌,翌年见效,持效期长达 3～5 年。

(2)树体喷锌　发芽前喷 3%～5%硫酸锌溶液,或发芽初喷 0.1%硫酸锌溶液,花后 3 周喷 0.2%硫酸锌+0.3%尿素溶液,可明显减轻症状。

(六)缺硼症

1. 危害症状　桃树缺硼可使新梢在生长过程中发生"顶枯",也就是新梢从上往下枯死。在枯死部位的下方,会长出侧梢,使大枝呈现丛枝状。在果实上,发病初期表现为果皮细胞增厚,木栓化,果面凹凸不平,以后果肉细胞变成褐色木栓化。

2. 发生规律　由于硼在树体组织中不能贮存,也不能从老组织转移到新生组织中去,因此,在桃树生长过程中,任何时期缺硼都会导致发病。除土壤中缺硼引起桃缺硼症外,其他因素还有:一是土层薄、缺乏腐殖质和植被保护,易造成雨水冲刷而缺硼;二是土壤偏碱或石灰过多,硼被固定,易发生缺硼;三是土壤过分干燥,硼也不易被吸收利用。

3. 防治方法

(1)土壤补硼　秋季或早春,结合施有机肥加入硼砂或硼酸。可根据树体大小确定施肥量,树体大者,多施;反之,少施。一般为 100～250 克,每隔 3～5 年施 1 次。

(2)树上喷硼　在强盐碱性土壤里,由于硼易被固定,采用喷施效果更好,发芽前树体喷施 1%～2%硼砂溶液,或分别在花前、花期和花后各喷 1 次 0.2%～0.3%硼砂溶液。

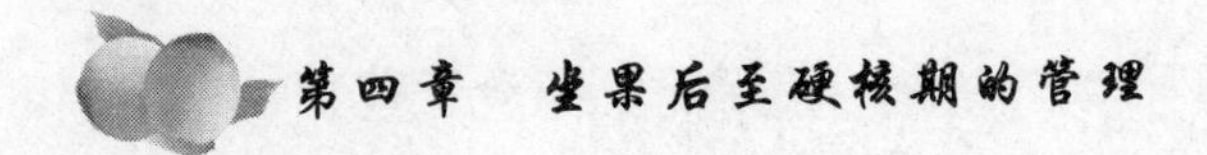

(七)缺钙症

1. 危害症状 桃树对缺钙最敏感。主要表现在顶梢上的幼叶从叶尖端或中脉处坏死,严重缺钙时,枝条尖端以及嫩叶似火烧般地坏死,并迅速向下部枝条发展。

2. 发生规律 钙在较老的组织中含量特别多,但移动性很小,缺钙时首先是根系生长受抑制,从根尖向后枯死。春季或生长季表现叶片或枝条坏死,有时表现许多枝条异常粗短,顶端深棕绿色,花芽形成早,茎上皮孔胀大,叶片纵卷。

3. 防治方法

(1)提高土壤中钙的有效性 增施有机肥料,酸性土壤施用适量的石灰,可以中和土壤酸性,提高土壤中有效钙的含量。

(2)土壤施钙 秋施基肥时,每株施500～1 000克石膏(硝酸钙或氧化钙),与有机肥混匀,一并施入。

(3)叶面喷施 在沙质土壤上,叶面喷施0.5%硝酸钙溶液,重病树一般喷3～4次即可。

(八)缺锰症

1. 危害症状 桃树对缺锰敏感,缺锰时嫩叶和叶片长到一定大小后呈现特殊的侧脉间褪绿。严重时,脉间有坏死斑,早期落叶,整个树体叶片稀少,果实品质差,有时出现裂皮。

2. 发生规律 土壤中的锰是以各种形态存在,当腐殖质含量较高时,呈可吸收态,土壤为碱性时,则锰呈不溶解状态,土壤为酸性时,常由于锰含量过多而造成中毒。春季干旱易发生缺锰症。树体内锰和铁相互影响,缺锰时易引起铁过多症;反之,易发生缺铁症。因此,树体内铁、锰比例应在一定范围内。

3. 防治方法

(1)增施有机肥 增加土壤有机质含量,提高锰的有效性。

(2)调节土壤 pH　在强酸性土壤中，避免施用生理酸性肥料，控制氮、磷的施用量。在碱性土壤中可施用生理酸性肥料。

(3)土壤施锰　将适量硫酸锰与有机肥料混合施用。

(4)叶面喷施锰肥　早春喷硫酸锰 400 倍液。

(九)缺镁症

1. 危害症状　缺镁时，较老的绿叶产生浅灰色或黄褐色斑点，位于叶脉之间，严重时斑点扩大到叶片边缘。初期症状出现褪绿，颇似缺铁，严重时引起落叶，从下向上发展，只有少数幼叶仍然附着于梢尖。当叶脉之间绿色消退，叶组织外观像一张灰色的纸，黄褐色斑点增大直至叶的边缘。

2. 发生规律　在酸性土壤或沙质土壤中镁易流失，在强碱性土壤中镁也会变成不可吸收态。当施钾或磷过多时，常会引起缺镁症。

3. 防治方法

(1)增施有机肥　提高土壤中镁的有效性。

(2)土壤施镁　在酸性土壤中，可施镁石灰或碳酸镁，中和酸度。中性土壤可施用硫酸镁。也可每年结合施有机肥，混入适量硫酸镁。

(3)叶面喷施　一般在 6～7 月份喷 0.2%～0.3%硫酸镁溶液，效果较好。但叶面喷施可先做单株试验后再普遍喷施。

七、花后复剪与夏季修剪技术

(一)花后复剪

坐果后能分辨出是否已经坐果后可以进行复剪，一般是花后 15～20 天。复剪对象是：未坐果的过密枝和坐果太多的枝。主要是无花粉品种，由于留枝量较大，坐果后应进行调整。

(二)夏季修剪

桃树的夏季修剪一般要进行4次。本次修剪是第一次夏季修剪。

1. 意义　及时地进行夏季修剪，可以节省营养，同时也可以节省修剪用工。

2. 时间　在叶簇期进行，石家庄地区一般在4月下旬进行，即花后10天左右。

3. 主要内容　主要是抹芽，抹芽可抹双芽，留单芽，抹除剪锯口附近或近幼树主干上发出的无用枝芽。

八、雹灾和枝干日灼防御

(一)雹　灾

1. 雹灾及其危害症状　我国各地均有冰雹发生，山区和平原都有发生，有的地区为周期性发生。我国北方的山区与半山区，在6～7月份容易发生冰雹，这个时期正是早熟品种开始成熟，中晚熟品种还处在幼果期，冰雹袭击轻则伤害叶片与新梢，幼果果面也出现冰雹击伤的痕迹，如果冰雹个大且密，就会砸掉叶片，砸断枝条，打烂树皮和幼果，严重者绝收，即使是轻伤，果实能够成熟，外观伤痕累累，严重影响其经济价值。

2. 防治措施

(1)预防措施　消除雹灾的根本途径在于大面积绿化造林，改造小气候。在建园时，要注意选择地点，避开经常发生和周期性发生冰雹的地区。近年来我国人工消雹工作取得可喜成绩，利用火箭炮等消雹工具，可化雹为雨，减轻危害。

(2)灾后桃园的管理技术措施

①清理落枝、落叶和落果：雹灾后，桃园中残留大量落枝、落果和落叶，是各种病菌滋生蔓延的病源和载体。要全面清除落枝、落果和落叶，落枝要清理出园外，落果和落叶要挖坑深埋。及时摘除雹伤果，保留未受伤或受伤较轻的果实。另外，一般冰雹天气常伴有大风，对于树体扭转或倒伏的，将树体扶直培土。

②及时修剪：对击伤较重的树皮伤口，应及时将毛茬削平，缩小伤口面积。剪截破伤枝条。对部分枝条进行短截和回缩，一方面可以减少养分的消耗，另一方面可以促发新枝，作为翌年的主要结果枝。修剪应较常规夏剪轻些。

③加强病虫防治：在天气好的情况下，可选择下列药剂喷雾，如80%甲基硫菌灵可湿性粉剂1 500倍液，或65%代森锌可湿性粉剂500倍液，或50%多菌灵可湿性粉剂800～1 000倍液，或烷酮菌素、农用抗生素等，防控因伤口带来的真菌性和细菌性病害。如雹灾发生较重，可以间隔7～10天再喷1次。喷施0.5%腐殖酸钠水溶液，可有效促进愈合、刺激生长和减少病菌。

④肥水管理：有积水时要及时排水。叶片、枝条被冰雹砸伤后，不仅影响养分制造，而且伤口愈合又需要大量营养，因而灾后要及时补充速效肥料。可叶面喷施0.3%尿素或0.3%磷酸二氢钾溶液2～3次。土施时建议施复合肥20～40千克/667米^2。

⑤疏松土壤：冰雹伴随着强降雨，雹后土壤透气性差，地温偏低，根系生长受到影响。因而要及时中耕松土，增加土壤的透气性。

(二)枝干日灼

1. 概念 桃树的枝直接暴露在阳光下，在阳光的直射下组织坏死即发生日灼。

2. 影响日灼发生的因素

(1)土壤 土壤干旱和沙土地保水不良的土壤容易发生日灼，而壤土、黏壤土和黏土发生日灼较少。地下水位高和根系浅的桃园也易发生日灼。

(2)树形及枝的方向和角度 有调查表明，杯状形整枝日灼发病率低，而开心形整枝日灼发生率高。日灼发生的时间多在下午，主枝向阳面易发生日灼。粗枝比细枝容易发生日灼。

(3)树龄与树势 树龄越大发生日灼概率越高，尤其是在负载量过大，且树势衰弱的情况下日灼发生的比率增加。

(4)季节 生长季发生日灼主要在6月份，因为我国北方4～6月份气候仍然处于干燥少雨的季节，这时桃树的枝叶对主枝的覆盖还不完全，这时易发生枝干日灼。

(三)防治措施

对于三主枝或二主枝开心形的树体，由于对朝向东、东北和北面的主枝背上枝条修剪过重，会导致主枝日灼。可以采取以下措施：一是控制桃树主枝角度不宜过大。二是在干燥缺雨的季节，夏季修剪时在背上可以适当多留新梢，增加遮光，减少阳光直射，降低树体温度。三是增强树势，加强土壤管理。如增施有机肥料，沙土地还可以覆盖树盘，使树体组织充实，提高抗日灼的能力。

第五章 新梢旺盛生长期至果实成熟前的管理

由于桃树不同品种的成熟期不同,新梢旺盛生长期至果实成熟前持续的时间也不相同。一般新梢旺盛生长始于开花后 15 天左右。在石家庄地区,早熟品种新梢旺盛生长期至果实成熟前持续的时间为 35～50 天,而晚熟品种此期较长,可从 4 月底至 10 月上旬,长达 150 天以上。此期新梢生长与果实生长同步进行,要保证两者的平衡,也是营养生长与生殖生长的平衡,既要有一定的新梢生长量,保证果实的生长,又要抑制新梢过度生长。如果新梢生长过旺,既影响果实大小与品质,也会加重病虫为害。此期应加强夏季修剪,确保树体通风透光,做好病虫害防治。

一、整形修剪技术

(一)夏季修剪技术

1. 第二次夏季修剪 这是一年中的第二次夏季修剪。在新梢迅速生长期进行,一般石家庄地区在 5 月中下旬。此次非常重要。修剪内容如下。

(1)调整树体生长势 通过疏枝、摘心等措施,调整生长与结果的平衡关系,使树体处于中庸状态。

(2)延长枝头的修剪 疏除竞争枝,或对幼旺树枝头进行摘心处理。

(3)徒长枝、过密枝及萌蘖枝的处理　采用疏除和摘心的方法。对于无生长空间的从基部疏除。对于树体内膛光秃部位长出的新梢,在其适当的位置进行摘心,促发二次枝,培养成结果枝组。疏除背上枝时,不要全部去光,可适当留 1 个新梢,将其压弯并贴近主枝向阳面,或在基部留 20 厘米短截,作为"放水口",可以防止主干日灼。

2. 第三次夏季修剪　这是一年中的第三次夏季修剪。石家庄地区在 6 月下旬至 7 月上旬进行。此次主要是控制旺枝生长。对骨干枝仍按整形修剪的原则适当修剪。对竞争枝、徒长枝等旺枝,在上次修剪的基础上,疏除过密枝条,如有空间,可留 1～2 个副梢,剪去其余部分。对树姿直立的品种或角度较小的主枝,进行拉枝,开张角度。

(二)冬季已经进行树体改造桃树的夏季修剪

1. 栽植过密的树　对于过密的树,冬季修剪时已按照"宁可行里密,不可密了行"的原则进行了间伐。通过间伐,已经将其改造成了两主枝开心形("Y"形)或三主枝开心形。疏除了株间的主枝,保留 2 个朝向行间的主枝。对于直立生长的主枝,已经进行了开角。夏季修剪的主要内容如下。

(1)抹芽　及时抹除大锯口附近长出的萌芽。

(2)摘心　光秃带内长出的新梢可以进行 1～2 次摘心,培养成结果枝组。

(3)疏枝　疏除徒长枝、竞争枝和过密枝。

(4)拉枝　对角度小的骨干枝进行拉枝。

2. 无固定树形的树　对于无固定树形的树,在冬季修剪时,已对其进行了改造,使其成为两主枝开心形或三主枝开心形。由于冬季修剪对大枝处理较多,易萌生新梢,并有光秃带。夏季修剪的主要内容如下。

(1)抹芽　及时抹除大锯口附近长出的萌芽。

(2)摘心　光秃带内长出的新梢可以进行1～2次摘心,培养成结果枝组。如果有空间,剪锯口附近长出的新梢可以保留,并进行摘心,培养成结果枝组。

(3)疏枝　疏除多余的徒长枝、竞争枝和过密枝。

(4)拉枝　对角度小的骨干枝进行拉枝。

3. 结果枝组过高、过大的树　对于结果枝组过高、过大的树,已对其进行了疏除和回缩,将其改造成适宜的结果枝组。夏季修剪的主要内容如下。

(1)疏枝　及时疏除剪锯口附近长出的徒长枝和过密枝。

(2)摘心　有空间生长的枝条,可以进行摘心,培养成结果枝组。

(三)高接树的夏季修剪

1. 除萌蘖　及时除掉生长出的萌蘖。但如果嫁接成活率较低,对于有空间的枝条可以保留,到8～9月份再进行补接。

2. 摘心和疏枝　高接树枝条一般生长旺盛,分枝位置较低,分枝角度较大。当高接芽长到20～40厘米时摘心,一般外围枝可以适当留长些摘心,内膛枝则留短些摘心。并对过密新梢适当疏除。

(四)果实采收前的修剪

果实采收前修剪的主要目的是促进果实着色。果实开始着色时,适当疏除树冠外围和果实附近的密生新枝,重点去除背上直立徒长枝和树冠外围多余的梢头枝,并用绳将下垂枝吊起来,使果实充分见光着色,既有利于促进果面着色,也有利于保留枝条上叶片的光合作用。

二、土肥水管理

(一)土壤管理

在生长季进行多次中耕除草，不但可及时清除杂草，减少杂草对水分和养分的争夺，而且可以疏松土壤，减少土壤蒸发，促进土壤微生物活动，加速养分转化，提高土壤肥力；同时可破除土表板结层，切断毛细管，减少水分蒸发，减少旱害与盐害。一般在生长期间，每逢下雨和灌水后，要及时中耕、松土，并清除杂草，使土壤经常保持疏松和无杂草状态。

在多雨年份，夏季杂草生长旺盛，可结合中耕除草，把清除的杂草堆积起来沤制绿肥，也可把杂草直接埋入土中，或用于树下覆盖。此时气温高，湿度大，又正值雨季，杂草当年就能腐烂分解，变成可吸收的有机肥。

在山坡地，对土壤进行较深的中耕，疏松土壤，有利于增强降雨入渗率，减少地面径流，增加土壤水分含量。

(二)施　肥

1. 追肥　一般在成熟前 20～30 天追肥，主要是促进果实膨大，提高果实品质和花芽分化质量，以钾肥为主。追肥后及时灌水。在果实采收期不再追肥。一般采用穴施法，依据产量确定施肥量。不要过多施用氮肥，氮肥过量会影响果实的内在品质。

2. 叶面喷肥

(1)肥料种类　适于根外追肥的肥料种类很多，一般情况下有如下几类。

①普通化肥：氮肥主要有尿素、硝酸铵、硫酸铵等，其中以尿素应用最广，且效果最好。磷肥有磷酸铵、磷酸二氢钾和过磷酸

钙，桃对磷的需要量比氮和钾少，但将其施入土壤中，大部分变成不溶解态，效果大大降低，为此磷肥进行根外追肥更有重要意义。钾肥有硫酸钾、氯化钾、磷酸二氢钾均可应用，其中磷酸二氢钾应用最广泛，效果也最好。

②微量元素肥料：有硼砂、硼酸、硫酸亚铁、硫酸锰和硫酸锌等。

③农家肥料：家禽类、人粪尿、饼肥、草木灰等经过腐熟或浸泡、稀释后再行喷布。这类肥料在农村来源广，同时含有多种元素，使用安全，效果良好，值得推广。

(2)适宜浓度　各种常用肥料的使用浓度见表 5-1，仅供参考。

表 5-1　桃树根外追肥常用肥料的浓度

肥料种类	喷施浓度(%)	肥料种类	喷施浓度(%)
尿　素	0.1～0.3	硫酸锰	0.05
硫酸铵	0.3	硫酸镁	0.05～0.1
过磷酸钙	1.0～3.0	磷酸铵	1.0
硫酸钾	0.05	磷酸二氢钾	0.2～0.3
硫酸锌	0.3～0.5 (加同浓度石灰)	硼酸、硼砂	0.2～0.4
草木灰	2～3	鸡　粪	2～3
硫酸亚铁	0.1～0.3 (加同浓度石灰)	人粪尿	2～3

3. 灌溉施肥

(1)灌溉施肥的优点　一是肥料元素呈溶解状态，施于地表能更快地为根系所吸收利用，提高肥料利用率。据澳大利亚报道，与地面灌溉相比，滴灌施肥可节省肥料(氮肥)44%～57%，喷灌施肥

可节省11%～29%。二是灌溉时期灵活性强，可根据桃树的需要而安排。三是在土壤中养分分布均匀，既不会伤根，又不会影响耕作层土壤结构。四是能节省施肥的费用和劳力。灌溉施肥尤其对树冠交替的成年果园和密植果园更为适用。

(2)灌溉施肥应注意的问题　一是喷头或滴灌头嘴堵塞是灌溉施肥的一个重要问题，必须施用可溶性肥料。二是2种以上的肥料混合施用，必须防止相互间的化学作用生成不溶性化合物，如硝酸镁与磷、氮肥混用会生成不溶性的磷酸铵镁。三是灌溉施肥用水的酸碱度以中性为宜，如碱性强的水能与磷反应生成不溶性的磷酸钙，导致多种金属元素的有效性降低，严重影响施肥效果。

(三)水分管理

1. 灌　水

(1)时期　果实膨大期是桃树需水的第二个关键时期。此期灌水一般在果实采前20天左右，此时水分供应充足与否对产量影响很大。在此期间早熟品种在北方还未进入雨季，需进行灌水。早熟品种成熟以后(石家庄地区在6月底)已进入雨季，灌水与否以及灌水量视降雨情况而定。此时灌水也要适量，灌水过多，有时会造成裂果、裂核。

(2)方法　一般采用漫灌。有条件的地区可以用节水灌溉技术，如滴灌、喷灌等，生草桃园用滴灌或喷灌效果更好。

(3)灌水与防止裂果

①水分与裂果的关系：桃果实裂果与品种有关，也与栽培技术有关，尤其与土壤水分状况更为密切。土壤水分变化对裂果有较大的影响。试验结果表明，在果实生长发育过程中，尤其是接近成熟期时，如土壤水分含量发生骤变，裂果率增高；土壤一直保持相对稳定的湿润状态，裂果率较低，这说明桃果实裂果与土壤水分变化程度有较大关系。为避免果实裂果，要尽量使土壤保持稳定

的含水量，避免前期干旱缺水，后期大水漫灌。

②防止裂果适宜的灌水方法：滴灌是最理想的灌溉方式，它可为易裂果品种生长发育提供较稳定的土壤水分，有利于果肉细胞的平稳增大，减轻裂果。如果是漫灌，也应在整个生长期保持水分平衡，果实发育的第二次膨大期适量灌水，保持土壤湿度相对稳定，在南方要注意雨季排水。

2. 排水与防涝 我国从北到南、从西向东降水量逐渐增加。北方降水多集中在6～8月份，南方则以4～9月份为多，均存在降水不匀的情况，大雨或暴雨来临时，易导致低洼地排水不良，积水成灾，对桃树造成不良影响。

桃树的耐涝性在落叶果树中最差。桃树遭受轻度涝害后常出现早期落叶、落果和裂果，有时发生二次生长、二次开花，根系因缺氧造成细根窒息而死，并逐渐延至大根，出现腐朽。树干积水则皮层剥落，木质部变色。桃树在高温缺氧的死水中，会加重受害。

土壤性质及栽植深度与涝害程度常有密切关系。凡不利于根系呼吸的因素，如黏质土壤、底土透水不良及栽植过深等，都会使涝害加重。

(1)预防措施 为了防止桃园遭受涝害，建园时要选好园地，并做好水土保持和土壤改良工作。

①深沟高畦：南方多雨平地桃园，可采取深沟高畦栽培桃树，采用中心高、两侧低，形状似鱼背，桃园四周还需开总排水沟，使畦沟内的水能够流入总排水沟内，经常保持园地干燥。

②山地开设纵横排水系统：横向排水沟根据梯田修筑，设在梯田内侧，与等高线平行。纵排水沟与等高线垂直，从上而下，使水顺山势排泄，纵横排水沟连通，使横沟的水排到纵沟。如园地坡度太大，纵排水沟可分段设置水坝，以缓和水势，减少土壤冲刷。

③低洼地修排水系统：低洼易积水的地区应修好排水系统，使雨水能够顺畅地排出桃园。

④换土和土壤改良：对底土有不透水层的地方，应进行换土和土壤改良，打开不透水层，必要时可开沟换土栽植。

⑤其他措施：可选抗涝害能力较强的砧木，桃园中不种植阻水作物，以利于顺畅排水。

(2)抢救措施　受涝后的桃树应采取下列措施，恢复树势，把灾害损失降到最低程度。

①及早排除积水：可在园内每隔2～3行树挖1条深60厘米、宽40～60厘米的排水沟，及时排除地表水，关键是要及时排除根系集中分布层多余的水，解决根系的呼吸问题。对冲倒的树扶正，设立支柱防倒伏。清除树盘内的压沙和淤泥，对露出的根进行培土。

②进行深翻：可对树盘或全园进行深翻，以利于土壤水分的散发，加强通气，促进新根生长。

③适度修剪：要适度加重修剪，以保持地上地下的平衡，坐果多的树要疏果，以减轻负载量。

④其他措施：加强树体保护，积极防治病虫害。

三、病虫害防治

(一)主要虫害及防治方法

1. 此期新发生的虫害

(1)桃小食心虫

①为害症状：桃小食心虫以幼虫蛀果为害。幼虫孵化后蛀入果实，蛀果孔常有流胶点。幼虫在果内串食果肉，并将粪便排在果内，形成“豆沙馅”果，并在果实上留蛀果孔。

②发生规律：在河北、山东等地1年发生2代。以老熟幼虫在土中做茧越冬。翌年5～6月份出土。第一代卵盛期为6月下

旬至7月下旬。第二代卵盛期在8月中旬左右，孵化的幼虫为害至9月份脱果入土做茧越冬。

③防治方法：一是农业防治，树盘覆地膜。根据幼虫脱果后大部分潜伏于树冠下土中的特点，成虫羽化前，可在树冠下地面覆盖地膜，以阻止成虫羽化后飞出。二是化学防治，在成虫羽化产卵和幼虫孵化期及时喷药。可喷25%灭幼脲3号悬浮剂1 000～2 000倍液，或20%杀铃脲悬浮剂8 000～10 000倍液，或50%辛硫磷乳油1 000～1 500倍液。树下药剂处理土壤。

(2)桃 小 蠹

①为害症状：幼虫多在衰弱的枝干上蛀入皮层，在韧皮部与木质部间蛀纵向母坑道，并产卵于母坑道两侧。孵化后的幼虫分别在母坑道两侧横向蛀子坑道，略呈"非"字形，随着虫体增长，坑道弯曲成混乱交错，加速枝干死亡。

②发生规律：每年发生1代，以幼虫于坑道内越冬。翌年春老熟于坑道端蛀圆筒形蛹室化蛹，羽化后咬圆形孔爬出。6月份成虫出现并交尾、产卵，秋后以幼虫在坑道端越冬。

③防治方法：主要采用农业防治。一是加强综合管理。增强树体抗性，可以大大减少发生与为害。结合修剪彻底剪除有虫枝和衰弱枝，集中处理效果很好。二是引诱产卵。成虫出树前，田间放置半枯死或整枝剪掉的树枝，诱集成虫产卵，产卵后集中处理。

(3)桃流胶病

①为害症状：此病多发生于桃树枝干，尤以主干和主枝杈处最易发生，初期病部略膨胀，逐渐溢出半透明的胶质，雨后加重。其后胶质渐成冻胶状，失水后呈黄褐色，干燥时变为黑褐色。严重时树皮开裂，皮层坏死，生长衰弱，叶色变黄，果小味苦，甚至枝干枯死。

②发病规律：为害时，病菌孢子借风雨传播，从伤口和侧芽侵入，1年2次发病高峰。在南京地区为5月下旬至6月上旬和8

月上旬至9月上旬。非侵染性病害发生流胶后，容易再感染侵染性病害，尤以雨后为甚，树体迅速衰弱。

③防治方法：主要采用农业防治。一是及时防治桃园各种病虫害。芽膨大前期喷施3～5波美度石硫合剂，要及时防治各种病虫害，尤其是枝干和果实病虫害。二是剪锯口和病斑要及时处理。对于较大的剪锯口和病斑要刮除后及时涂抹843康复剂。三是树干大枝涂白。落叶后，对树干和大枝进行涂白，可以防止冻害和日灼，兼杀菌治虫。涂白剂配方为生石灰12千克、食盐2～2.5千克、大豆汁0.5升、水36升。

2. 延续的虫害

(1)苹小卷叶蛾　防治方法如下。

①农业防治：发现有吐丝缀叶者，及时剪除虫梢，消灭正在为害的幼虫。

②物理防治：树冠内挂糖醋液诱集成虫，配方为糖5份、酒5份、醋20份、水80份。有条件的桃园，可设置黑光灯，诱杀成虫。

③化学防治。越冬幼虫出蛰期及第一代卵孵化盛期是喷药的关键时期，可用10%烟碱乳油800～1 000倍液，或48%毒死蜱乳油1 500倍液，或5%氟虫脲乳油1 000～1 500倍液喷施。

(2)桃红颈天牛

①人工捕捉：成虫出现期，利用其午间静息的习性，人工捕捉。特别在雨后晴天，成虫最多。另外，在果园内每隔30米、距地面1米左右挂一装有糖醋液的罐头瓶，诱杀成虫。

②涂白：成虫产卵前，在主干基部涂白，防止成虫产卵。

③杀灭初孵幼虫：产卵盛期至幼虫孵化期，在主干上喷施2.5%高效氯氟氰菊酯乳油3 000倍液。在发现有虫粪的地方，及时挖、熏、毒杀幼虫。

(3)桑白蚧

①人工防治：少量发生时可用硬毛刷，刷掉枝条上的虫，并剪

除受害枝条，一同烧毁。

②化学防治：用药时期必须在幼虫出壳，但尚未分泌蜡粉之前的1周内才有效。可喷施99.1%加德士液体膜乳油200～300倍液，或25%噻嗪酮可湿性粉剂1 500～2 000倍液。

(4)桃蛀螟

①农业防治：生长季及时摘除被害果，集中处理，秋季采果前，在树干上绑草把诱集越冬幼虫，集中杀灭。

②物理防治：利用黑光灯、性诱剂、糖醋液诱杀成虫。

③化学防治：在各成虫羽化产卵期喷药1～2次。交替使用2.5%高效氯氟氰菊酯乳油3 000倍液，或2.5%溴氰菊酯乳油2 000～3 000倍液，或20%杀铃脲悬浮剂8 000倍液。

(5)梨小食心虫　大部分仍为害新梢，少数开始为害果实。

①物理防治：用黑光灯、糖醋液等诱杀成虫，也可作为预测预报。

②生物防治：释放松毛虫赤眼蜂，防治梨小食心虫。用梨小食心虫性诱剂迷向法干扰成虫正常交尾。

③化学防治：适宜的农药有35%氯虫苯甲酰胺悬浮剂7 000～10 000倍液、25%灭幼脲3号悬浮剂1 500倍液、1%苦参碱可溶性液剂1 000倍液、白僵菌(高温高湿季节)、48%毒死蜱乳油1 000倍液、2.5%高效氯氟氰菊酯1 000倍液、2%甲维盐微乳剂1 000倍液、1.8%阿维菌素乳油4 000倍液、25%氰戊菊酯乳油2 000～2 500倍液+25%灭幼脲3号悬浮剂1 500倍液等。

(6)茶翅蝽

①成虫诱杀法：用化学防治法杀死在桃园周围种植的萝卜、香菜、芹菜、洋葱和大葱上的茶翅蝽。

②腐尸浸出液忌避：将人工收集到的约400只茶翅蝽成虫死尸捣烂，再装入塑料袋内扎口，于阳光下暴晒，有臭味散发后，加入少量酒精或清水浸泡3小时，然后滤出浸出液，再加水100倍液左

右喷洒。

(7)桃球坚介壳虫 孵化盛期化学防治。6月份观察到卵进入孵化盛期时，全树喷布5%高效氯氰菊酯乳油2000倍液或20%氰戊菊酯乳油3000倍液。

(8)桃绿吉丁虫 加强树体管理。清除枯死树，避免树体伤口和粗皮，减少虫源，增强树势。成虫产卵前，在树干涂白，阻止产卵。

幼虫为害时期，及时检查，如有幼虫为害，将其挖出，并用药涂抹。也可用5%高效氯氰菊酯乳油5～10倍液刷干，毒杀幼虫。成虫发生期喷5%高效氯氰菊酯乳油2000倍液。

(二)主要病害及防治方法

对于病害仍要强调以预防为主的理念。可以定期有针对性地喷一些杀菌剂。杀菌剂种类及浓度见前面章节。

四、果实管理

(一)果实解袋

1. 时间 因品种和地区不同而异。鲜食品种采收前解袋，有利于着色。硬肉桃品种于采前3～5天解袋，软肉桃于采前2～3天解袋。不易着色的品种，如中华寿桃解袋时间应在采前10天解袋效果最好。解袋过早或过晚都达不到预期效果，过早解袋的果实与对照差异不明显，解袋过晚，果面着色浅，贮藏易退色，影响销售。一天中适宜解袋的时间为上午9～11时、下午3～5时，上午解南侧的纸袋，一定要避开中午日光最强的时间，以免果实发生日灼。

2. 解袋方法 解袋宜在阴天或傍晚进行，使桃果免受阳光突然照射而发生日灼，也可在解袋前数日先把纸袋底部撕开，使果实先受散射光，逐渐将袋体摘掉。为减少果肉内色素的产生，用于罐藏加工的桃果，可以带袋采收，采前不必解袋。果实成熟期间雨水集中地区，裂果严重的品种也可不解袋。

3. 解袋时的注意事项 梨小食心虫发生较重的地区，果实解袋后，要尽早采收，否则如正遇上梨小食心虫产卵高峰期，还会有梨小食心虫的为害。

(二)减轻果实裂果与裂核的技术措施

1. 减轻桃果实裂果的措施

(1)品种选择 选择不裂果或裂果轻的品种是减轻桃果实裂果的根本途径。选择品种时，除了要考虑选择综合性状优良外，还需选择不裂果或裂果轻的品种，经复选后，进行示范推广，应用于生产。

(2)适地栽培 油桃在土层深厚、土壤疏松、孔隙度大、容重小、地势干燥、海拔高(500米以上)、雨量较少、地下水位低、排水通畅的沙壤质土栽培，裂果轻。因此，在发展油桃产业时要了解当地的土壤特性、海拔高度、雨量、气温、日照、无霜期和风等气象因素，做到适地适栽，因地制宜。

(3)实行科学化管理

①合理修剪：幼树修剪以轻为主，重视夏剪，使其通风透光，促进花芽形成。油桃品种冬季修剪一定要轻剪，果枝较普通桃剪留要稍长，可提高坐果率。重剪会引起营养失调，加重裂果。

②水分管理：油桃对水分较敏感，在水分均衡的情况下裂果轻，所以一定要重视排灌设施，旱时适时灌水，涝时及时排水。

③增施有机肥：增施有机肥可以改善土壤物理性能，增强土壤的透水性和保水力，使土壤供水均匀，减轻裂果。

④加强病虫害防治：果实受病虫危害(尤其是蚜虫)后，会引

起裂果,要加强病虫害防治。

⑤合理负载:严格进行疏花疏果,提高叶果比,增加叶片,促进光合作用,改善营养状况,减少裂果发生。

⑥果实套袋:实行套袋栽培是防止裂果最有效的技术措施。

2. 减轻桃果实裂核的措施

(1)科学施肥　多施有机肥,尽可能提高土壤有机质含量,改善土壤通透性。增加磷、钾肥,控制氮肥施用量。大量元素肥料氮、磷、钾和中微量元素铁、锌、锰、钙等合理搭配,尤其是增施钙素肥料。加强叶面喷肥,以复合肥和微肥为主。

(2)合理灌水　桃硬核期,20 厘米处土壤手握可成团,松手不散开为水分适宜,表现水分充足,这时应进行控水。遇连阴雨天气,应加强桃园排水。推广滴灌、喷灌和渗灌技术,避免大水漫灌。

(3)加强夏季修剪,调节枝叶生长和叶果比　必须使树冠通风透光,树体结构良好,枝组强壮,配备合理,树势旺盛。由于桃树年生长量大,易疯长,叶果比过大,因而夏剪最好每月进行 1 次。

(4)适时疏花疏果,合理负载　对于坐果率较低的品种,最好不疏花,只疏果,推迟定果时间;对坐果较高的品种,花期先疏掉 1/3 的花,硬核期前分 2 次疏果。过早疏花疏果会使营养过剩,造成果实快速增长而裂核,生产上必须适时疏花疏果,合理负载,以减少特大果的裂核。

(三)铺设反光膜

1. 反光膜的选择　反光膜宜选用反光性能好、防潮、防氧化、抗拉力强的复合性塑料镀铝薄膜,一般可选用聚丙烯、聚酯铝箔、聚乙烯等材料制成的薄膜。这类薄膜反光率一般可达 60%～70%,使用效果比较好,可连续使用 3～5 年。

2. 铺设方法

(1)时间　套袋果园一般在去袋后马上铺膜,没有套袋的果园宜在果实着色前进行。

(2)准备工作　清除地面上的杂草、石块、木棍等。用铁耙把树盘整平，略带坡降，以防积水。套袋果园要先去袋后铺膜，并进行适当的摘叶。去袋后至铺膜前要全园喷洒一遍杀菌剂，以水制剂杀菌药为主。对树冠内膛郁闭枝、拖地的下垂枝及遮光严重的长枝可适当进行回缩和疏除修剪，以打开光路，使更多的光能够反射到果实上，提高反光膜的反射效率。

(3)具体方法　顺着树行铺，铺在树冠两侧，反光膜的外缘与树冠的外缘对齐。铺设时，将整卷反光膜放于果园的一端，然后倒退着将膜慢慢地滚动展开，并随时用砖块或其他物体压膜，防止风把膜吹动。用泥土压膜时，可将土壤事先装进塑料袋中，使其保持干净，提高效果。铺膜时要小心，不要把膜刺破。一般铺膜面积为300～400 米^2/667 米^2。

(4)铺后管理　反光膜铺上以后，要注意经常检查，遇到大风或下雨天气，应及时采取措施，把刮起的反光膜铺平，将膜上的泥土、落叶和积水清理干净，以免影响效果。采收前将膜收拾干净后妥善保存，以备翌年再用。

(四)摘　叶

摘叶是促进果实着色的技术措施。摘叶就是摘除遮挡果面着色的叶片，具体方法是：左手扶住果枝，用右手大拇指和食指的指甲将叶柄从中部掐断，或用剪刀剪断，而不是将叶柄从芽体上撕下，以免损伤母枝的芽体。在叶片密度较小的树冠区域，也可直接将遮挡果面的叶片扭转到果实侧面或背面，使其不再遮挡果实，达到果面均匀着色的目的。

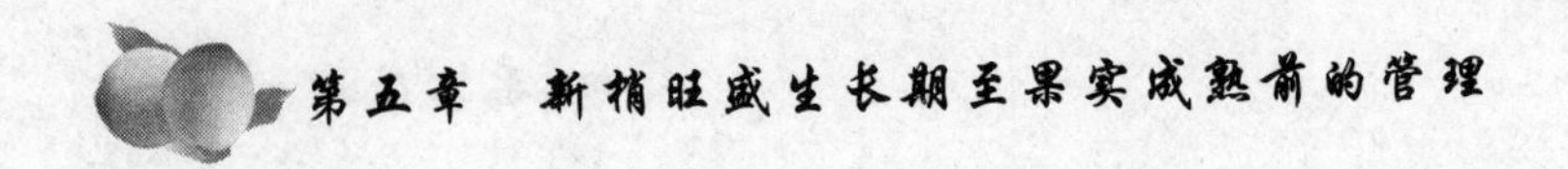

五、果实日灼及防御措施

(一)果实日灼的发生

在7～8月份,正值果实成熟时,如果修剪过重,果实大面积接受阳光直射,极易发生果实日灼。

(二)日灼的防御措施

1. 合理夏季修剪　桃树整形修剪与日灼病发生有关系,对发生在生长季的日灼病可以用夏季修剪来解决,如在干燥缺雨的6月份,夏季修剪时可以多留新梢,增加遮光,减少阳光直射,降低树体温度。在果实着色期,夏季修剪不宜过重。另外,7～8月份要在主干上适当保留一些枝条,以免发生主干日灼。

2. 加强土壤管理,增强树势　增施有机肥料,沙土地还可以覆盖树盘,使树体组织充实,提高抗日灼的能力。

3. 果实套袋　果实套袋可以防止害虫蛀果,提高果实品质,还可以降低果温,防止日灼。

第六章 果实成熟期的管理

在石家庄地区,6～10 月份都有果实成熟,但主要集中在 6～8 月份。高产、优质和高效益是我们种植桃树的最终目的。既要有一定产量,较高的品质,更要达到安全果品要求,让果农和经营者实现双赢,让消费者吃到品质优良、安全、放心的果品。

一、果实采收

(一)采收期

桃果实的大小、品质、风味和色泽是在树上发育形成的,采收后基本上不再有提高。采收过早,果实没有达到应有的大小,产量低,果实着色和风味较差;采收过晚,果实过于柔软,易受机械伤害和腐烂,不耐贮运,且风味品质变差,采前落果也增加。

1. 确定成熟的依据

(1)果实发育期及历年采收期　每个品种的果实发育期是相对稳定的,果实成熟期在不同的年份也有变化,这与开花期早晚、果实发育期间温度等有关。

(2)果皮颜色　以果皮底色的变化为主,辅以果实彩色。底色由绿色转成黄绿色,或乳白色,或橙黄色。

(3)果肉颜色　黄肉桃由青色转成黄色,白肉桃由青色转成乳白色或白色。

(4)果实风味　果实内淀粉转化为糖,含酸量下降,单宁减少,果汁增多，果实有香味，表现出品种固有的风味特性。

(5)果实硬度　果实成熟时，细胞壁的原果胶逐渐水解，细胞壁变薄，不溶质桃果肉开始有弹性，可通过测量硬度判断果实成熟度。

2. 果实成熟度划分等级及适宜采收期确定依据

(1)果实成熟度的划分等级

①七成熟：果实充分发育，果面基本平整，果皮底色开始由绿色转成黄绿色或白色，茸毛较厚，果实硬度大。

②八成熟：果皮绿色大部分退去，茸毛减少，白肉品种呈绿白色，黄肉品种呈黄绿色，彩色品种开始着色，果实仍硬。

③九成熟：绿色全部退去，白肉品种底色呈乳白色，黄肉品种呈浅黄色，果面光洁，丰满，果肉弹性大，有芳香味，果面充分着色。

④十成熟：果实变软，溶质桃柔软多汁，硬溶质桃开始发软，不溶质桃弹性减小。这时溶质桃硬度已很小，易于受挤压。

(2)适宜采收期确定的依据　桃果实适宜采收期要根据品种特性、用途、市场远近、运输和贮藏条件等因素来确定。

①品种特性：有的品种可以在树上充分成熟后再采收，不用提前采收，如有明、早熟有明、美锦等。有的品种在树上充分成熟后果实硬度下降，果实变软，需要提前采收，如大久保、雪雨露等。溶质桃宜适当早采收，尤其是软溶质的品种。

②用途：加工用的桃，应在八成熟时采收。

③市场远近：一般距市场较近的，宜在八九成熟时采收。距市场远、需长途运输时，可在七八成熟时采收。

④贮藏：供贮藏用的桃，应采收早一些，一般在七八成熟时采收。

(二)采收方法

要根据估计产量，安排、准备好采收所需的各种人力、设施、工具及场地等。

桃果实硬度低，采收时易划伤果皮。所以工作人员应戴好手套或剪短指甲。采收时要轻采轻放，不能用手指用力捏果实，而应用手托住果实微微扭转，顺果枝侧上方摘下，以免碰伤。对果柄短、梗洼深、果肩高的品种，摘时不能扭转，而是全手掌轻握果实，顺枝向下摘取。蟠桃底部果柄处易撕裂，采时尤其要注意。另外，最好带果柄采收。若果实在树上成熟不一致时，要分批采收。采果的篮子不宜过大，以 2.5～4 千克为宜，篮子内垫海绵或麻袋片。树上采收的顺序是由外向里，由上往下逐枝采收。

二、果实的分级

（一）无公害果品的质量等级指标与分级

由于果实在树上所处位置和树上留果密度的不同均可导致果实大小和品质的差异。为使出售果品规格一致，便于包装和贮运，必须进行分级，即依大小和品质的不同，将果实分成不同的级别，以便按级别高低定价出售。

中国农业科学院郑州果树研究所制定了无公害桃果实等级标准（表 6-1）。

表 6-1　无公害鲜食桃果实等级标准

项目名称	等　级		
	特　等	一　等	二　等
基本要求	成熟、新鲜、清洁，无不正常外来水分，大小整齐度好，无碰压伤、磨伤、裂果、病虫伤、雹伤等果面缺陷		

续表 6-1

项目名称	等级		
	特　等	一　等	二　等
果　形	果形完整	果形完整	果形可稍有不整，但不得有严重的畸形果
色　泽	每个果至少有 1/3 着粉红色、红色或紫红色	每个果至少有 1/4 着粉红色、红色或紫红色	每个果应该有粉红色、红色或紫红色的着色
可溶性固形物含量(%)	极早熟品种≥10.0 早熟品种≥11.0 中熟品种≥12.0 晚熟品种≥13.0 极晚熟品种≥14.0	极早熟品种≥9.0 早熟品种≥10.0 中熟品种≥11.0 晚熟品种≥12.0 极晚熟品种≥12.0	极早熟品种≥8.0 早熟品种≥9.0 中熟品种≥10.0 晚熟品种≥11.0 极晚熟品种≥11.0
硬度(千克/厘米^2)	≥6.0	≥6.0	≥4.0

(二)绿色果品的质量等级指标与分级

中华人民共和国农业行业标准《绿色食品　鲜桃(NY/T 424—2000)》，规定了桃果实的感官要求(表 6-2)。

表 6-2　绿色食品桃果实感官要求

项　目	指　标
质　量	果实充分发育，新鲜清洁，无异常气味或滋味，不带不正常的外来水分，具有适于市场或贮存要求的成熟度
果　形	果形具有本品种应有的特征
果实颜色	果皮颜色具有本品种成熟对应具有的色泽

续表 6-2

项 目	指 标
横 径（毫米）	极早熟品种≥60
	早熟品种≥65
	中熟品种≥70
	晚熟品种≥80
	极晚熟品种≥80
有无缺陷	无缺陷(包括刺伤、碰压、磨伤、雹伤、裂伤、病伤)

注:某些品种果型小,如白凤桃,横径等级的划分不按此规定。

三、果品包装

为了防止运输、贮藏和销售过程中果实的互相摩擦、挤压、碰撞而造成的损伤和腐烂,减少水分蒸发和病害蔓延,使果实保持新鲜,采收分级后,必须妥善包装。包装容器必须坚固耐用,清洁卫生,干燥无异味,内外均无刺伤果实的尖突物,对产品具有良好的保护作用。包装内不得混有杂物,影响果实外观和品质。包装材料及制备标记应无毒。

(一)内 包 装

通常为衬垫、铺垫、浅盘、各种塑料包装膜、包装纸及塑料盒等。其中最适宜的内包装是聚乙烯塑料薄膜,它可以保持湿度,防止水分损失,而且由于果品本身的呼吸作用能够在包装内形成高二氧化碳、低氧的自发气调环境。

(二)外 包 装

桃外包装以纸箱较合适,箱子要低,一般每箱装 2～3 层,包装容器的规格为2.5～10千克/箱，隔板定位，以免相互摩擦挤压，箱边应有通气孔，确保通风透气，装箱后用胶带封好。

对于要求特别高的果实，可用扁纸盒包装，每盒仅装1层果，盒底上用聚氯乙烯或泡沫塑料压制成的凹窝衬垫，每个窝内放1个果，每个果实套上塑料网套，以防挤压，每盒装8～12个。

四、不同等级果实的卫生要求

(一)无公害果品的卫生要求

按GB 18406.2—2001 农产品安全质量 无公害水果安全要求，重金属及其他有害物质限量和农药最大残留限量分别见表6-3和表6-4。

表6-3 无公害果品重金属及其他有害物质限量

项　目	指标(毫克/千克)
砷(以As计)	≤0.5
汞(以Hg计)	≤0.01
铅(以Pb计)	≤0.2
铬(以Cr计)	≤0.5
镉(以Cd计)	≤0.03
氟(以F计)	≤0.5
亚硝酸盐(以$NaNO_2$计)	≤4.0
硝酸盐(以$NaNO_3$计)	≤400

表 6-4　无公害果品农药最大残留限量

项　目	指标(毫克/千克)
马拉硫磷	不得检出
对硫磷	不得检出
甲拌磷	不得检出
甲胺磷	不得检出
久效磷	不得检出
氧化乐果	不得检出
甲基对硫磷	不得检出
克百威	不得检出
水胺硫磷	≤0.02
六六六	≤0.2
DDT	≤0.1
敌敌畏	≤0.2
乐果	≤1.0
杀螟硫磷	≤0.4
倍硫磷	≤0.05
辛硫磷	≤0.05
百菌清	≤1.0
多菌灵	≤0.5
氯氰菊酯	≤2.0
溴氰菊酯	≤0.1
氰戊菊酯	≤0.2
三氟氯氰菊酯	≤0.2

(二)绿色果品的卫生要求

根据中华人民共和国农业行业标准《绿色食品　鲜桃(NY/T 424—2000)》,对卫生要求见表6-5。

表6-5　绿色食品鲜桃农药和重金属残留限量指标

项　目	指　标
砷(毫克/千克)	≤0.1
铅(毫克/千克)	≤0.05
镉(毫克/千克)	≤0.03
汞(毫克/千克)	≤0.005
氟(毫克/千克)	≤0.5
铬(毫克/千克)	≤0.1
六六六(毫克/千克)	≤0.05
滴滴涕(毫克/千克)	≤0.05
敌敌畏(毫克/千克)	≤0.1
乐果(毫克/千克)	≤0.5
多菌灵(毫克/千克)	≤0.2
溴氰菊酯(毫克/千克)	≤0.05
氯氰菊酯(毫克/千克)	≤1.0
氰戊菊酯(毫克/千克)	≤0.1
杀螟硫磷	不得检出
倍硫磷	不得检出
马拉硫磷	不得检出
对硫磷	不得检出
甲拌磷	不得检出
氧化乐果	不得检出

注:其他农药残留限量应符合NY/T 393的规定。

五、病虫害防治

果实成熟期的病虫害防治一般不进行化学防治，不往果实上直接喷药，主要采用农业防治、物理防治和生物防治，以提高果实安全性。

(一)主要虫害及防治方法

1. 此期新发生的虫害

(1)白星花金龟

①为害症状：成虫啃食成熟的果实，尤其喜食风味甜或酸甜的果实。幼虫为腐食性，一般不为害植物。

②发生规律：每年发生1代，以幼虫在土中越冬，5月上旬出现成虫，发生盛期为6～7月份。成虫具有假死性和趋化性，飞行力强。多产卵于粪堆、腐草堆和鸡粪中。幼虫以腐草、粪肥为食。

③防治方法：一是农业防治，利用成虫的假死性和趋化性，于清早或傍晚，在树下铺塑料布，摇动树体，捕杀成虫。二是物理防治，利用其趋光性，夜晚(最好是漆黑无月)在地头、行间点火，使金龟子向火光集中，坠火而死。挂糖醋液瓶或烂果诱集成虫，然后收集杀死。每瓶中放入3～5个白星花金龟作为引子，引诱白星花金龟，效果很好。但要注意瓶子应选用小口瓶，时间在发生初期，高度以树冠外围距地1～1.5米为宜。

(2)蜗　牛

①为害症状：蜗牛取食时用舌面上的尖锐小齿舐食桃树叶片，个体稍大的蜗牛取食后叶面形成缺刻或孔洞，取食果实后形成凹坑状。蜗牛爬行时留下的痕迹主要是白色胶质和青色线状粪便，影响光合作用和果面光泽度。

②发生规律：蜗牛成螺多在作物秸秆堆下面或冬季作物的土

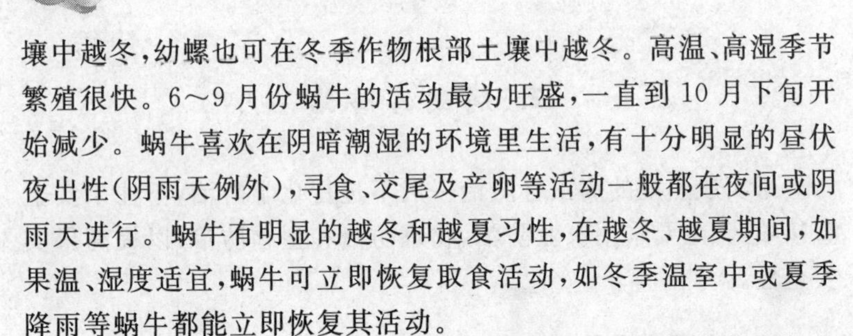

壤中越冬，幼螺也可在冬季作物根部土壤中越冬。高温、高湿季节繁殖很快。6～9月份蜗牛的活动最为旺盛，一直到10月下旬开始减少。蜗牛喜欢在阴暗潮湿的环境里生活，有十分明显的昼伏夜出性（阴雨天例外），寻食、交尾及产卵等活动一般都在夜间或阴雨天进行。蜗牛有明显的越冬和越夏习性，在越冬、越夏期间，如果温、湿度适宜，蜗牛可立即恢复取食活动，如冬季温室中或夏季降雨等蜗牛都能立即恢复其活动。

③防治方法：一是农业防治。人工诱捕，人为堆置杂草、树叶、石块和菜叶等诱捕物，在晴朗白天集中捕捉。或用草把捆扎在桃树的主干上，让蜗牛上树时进入草把，晚上取下草把烧掉。地下防治，结合土壤管理，在蜗牛产卵期或秋冬季，翻耕土壤，使蜗牛卵粒暴露在太阳光下暴晒破裂，或让鸟类啄食，或深翻后埋于20～30厘米深土下，蜗牛无法出土，可大大降低蜗牛的基数。将园内的乱石翻开或运出。可以做一个蜗牛伞，放于树干上，以阻止蜗牛往树上爬。二是化学防治。生石灰防治，晴天的傍晚在树盘下撒施生石灰，蜗牛晚上出来活动因接触石灰而致死。毒饵诱杀，于晴天或阴天的傍晚投放毒饵在树盘和主干附近，或在梯壁乱石堆中，蜗牛食后即中毒死亡。喷雾驱杀，上午8时前及下午6时后，用1%～5%食盐溶液或1%茶籽饼浸出液、氨水700倍液对树盘、树干进行喷雾。

(3)黑　蝉

①为害症状：雌虫将卵产于嫩梢中，呈月牙形。枝条被害后，很快枯萎，受害叶片随即枯死。

②发生规律：每4～5年完成1代，以卵和若虫分别在枝干和土中越冬。老龄若虫于6月份从土中钻出，沿树干向上爬行，固定蜕皮，变为成虫，静息2～3小时后开始爬行或飞行，寿命60～70天。雄虫善鸣。雌虫于7～8月份产卵，选择嫩梢，将产卵器插入皮层内，呈月牙形，然后将卵产于其中。枝条被害后，很快枯萎，叶

片随即变黄焦枯。当年产的卵在枯枝条内越冬，至翌年6月份孵化，落地入土，吸食幼根汁液，秋末钻入土壤深处越冬。

③防治方法：主要采用农业防治。一是剪除虫枝。发现被害枝条及时剪掉烧毁。二是人工捕捉。6月份老熟若虫出土上树固定时，傍晚到树干上捕捉，效果很好。雨后出土数量最多，也可在桃树基部，围绕主干缠一圈宽约20厘米的塑料薄膜，以阻止若虫上树，便于人工捕捉。三是堆火诱杀。夜间在果园空旷地，可堆柴点火，摇动果树，成虫即飞来投入火堆被烧死。

2. 延续的虫害

(1)苹小卷叶蛾

①农业防治：发现有吐丝缀叶者，及时剪除虫梢，消灭正在为害的幼虫。桃果接近成熟时，摘除果实周围的叶片，防止幼虫贴叶为害。9月上旬主枝绑草把、诱虫带或布条，诱集越冬幼虫，春季集中烧毁。

②物理防治：树冠内挂糖醋液诱集成虫。有条件的桃园，可设置黑光灯和性诱剂诱杀成虫。

③生物防治：在卵期可释放赤眼蜂，幼虫期释放甲腹茧蜂，保护好狼蛛。

(2)桃红颈天牛

①农业防治：成虫出现期，利用午间静息的习性，人工捕捉。特别在雨后晴天，成虫最多，及时进行人工挖、熏、毒杀幼虫。

②物理防治：可以用糖醋液诱杀成虫。成虫产卵前，在主干基部涂白。

③化学防治：产卵盛期至幼虫孵化期，在主干上喷施2.5%高效氯氟氰菊酯乳油3000倍液，杀灭初孵幼虫。

(3)桃蛀螟

①农业防治：生长季及时摘除被害果，并捡拾落果，集中处理，秋季采果前在树干上绑草把诱集越冬幼虫集中杀灭。

②物理防治：利用黑光灯、糖醋液和性诱剂诱杀成虫。

(4)梨小食心虫　目前果实套袋为一种行之有效的方法。但是去袋后，不及时采收，如此时正值产卵期，梨小食心虫同样会到果实上产卵，之后孵化出的幼虫进入果实为害。最好能在幼虫进入果实为害之前采收。

①农业防治：越冬幼虫脱果前，在主枝、主干上束草诱集脱果幼虫，早春取下烧掉，剪除被害桃梢。

②物理防治：用黑光灯、性诱剂和糖醋液等诱杀成虫。

③生物防治：释放松毛虫赤眼蜂，防治梨小食心虫。

(5)桃绿吉丁虫　成虫产卵前，在树干涂白，阻止产卵。对于大的伤口，要用塑料布包裹起来，防止产卵。幼虫为害时期，树皮变黑，用刀将皮下的幼虫挖出，或用刀在被害处顺树干纵向划2～3刀，阻止树体被虫环割，避免整株死亡。

(二)主要病害及防治方法

成熟期发生的病害主要是果实病害，有炭疽病、疮痂病、褐腐病等，这些应在前期进行防治。一旦发生再喷药治疗，效果很差。需要注意的是，如果在果实成熟期加强夏季修剪，使树体通风透光，会减少病虫害的发生程度。一旦树体内膛郁闭，将加重病虫害的发生。

第七章 果实采收后至落叶前的管理

由于果实成熟期不同，果实采收后至落叶前的时间就不同，早熟品种持续时间较长，而晚熟品种持续时间较短。为了翌年获得高产和优质，必须加强采收后管理。主要是通过病虫害防治保护叶片，通过修剪平衡营养，使结果枝充实、花芽饱满，通过增施有机肥，为翌年奠定良好的营养基础。后期应避免灌水过多，以免造成贪青生长，降低抗寒性。

一、虫害防治

由于果实已采收，主要是为害叶片、枝条和主干的害虫，包括潜叶蛾、红颈天牛、大青叶蝉等。

(一)新发生的虫害

果实采收后至落叶前新发生的病虫害已很少，主要是大青叶蝉。

1. 大青叶蝉

(1)形态特征　成虫体长9～10毫米，黄绿色，前翅绿色，末端灰白色，后翅及腹部背面烟黑色。卵长卵形，稍弯曲，黄白色，常10余粒排列成卵块。若虫体绿色，胸、腹背面具褐色纵列条纹。

(2)发生规律　每年发生3代，以卵在树干、枝条皮层内越冬。翌年4月份孵化，若虫孵化后，到杂草、蔬菜等多种作物上群集为害。5～6月份出现第一代成虫，7～8月份出现第二代成虫。10

月中旬开始从蔬菜向果树上迁移产卵，产卵前先用产卵器刺开树皮，呈月牙状，然后在内产一排卵，发生严重时，产卵痕布满树皮，造成遍体鳞伤。

成虫趋光性较强，喜栖息潮湿背风处。若虫受惊后，即斜行或横向向背阴处逃避，或四处跳动。

(3)防治方法　在大青叶蝉发生量大的地区，成虫期利用成虫趋光性，进行灯光诱杀。并加强果园附近种植的蔬菜的虫害防治。

成虫产卵越冬之前，在主枝、主干上涂刷石灰浆，对阻止成虫产卵有一定作用。在成虫产卵期可喷48%毒死蜱乳油1 000倍液，或30%乙酰甲胺磷乳油500倍液杀灭产卵成虫。对越冬卵量较大的桃树，特别是幼树，可人工将产于树干的卵块压死。

(二)延续的虫害

1. 蚜虫　在桃树行间或果园附近，不宜种植烟草、白菜等，以减少蚜虫的夏季繁殖场所。

2. 山楂红蜘蛛和二斑叶螨　7～8月份繁殖最快，8～10月份产生越冬成虫。越冬雌虫出现早晚与桃树受害程度有关，受害严重时7月下旬即产生越冬成虫。二斑叶螨6～8月份为猖獗为害期，10月份陆续越冬。在越冬雌成虫进入越冬前，树干绑草，诱集其在草上越冬，早春出蛰前解除绑草烧毁。

3. 桃潜叶蛾　7～8月份气温高，繁殖快，周期短，世代交替。11月份即开始化蛹越冬。如落叶前发生较重，可喷施灭幼脲进行防治。

4. 苹小卷叶蛾　发现有吐丝缀叶者，及时剪除虫梢，消灭正在为害的幼虫。发生严重时，可进行化学防治。使用的农药可参照前面章节。

5. 桃红颈天牛　在发现有虫粪的地方，挖、熏、毒杀幼虫。

6. 桑白蚧　可用硬毛刷，刷掉枝条上的越冬雌虫，并剪除受害枝条，一同烧毁，之后喷石硫合剂。

7. 桃蛀螟 秋季采果前，在树干上绑草把诱集越冬幼虫，集中杀灭。

8. 梨小食心虫 及时捡除被梨小食心虫为害的落果，并及时处理。在树干上绑诱虫带。

9. 桃小食心虫 可在幼虫脱果前，树盘上覆地膜，以阻止幼虫在土中做茧越冬。

10. 茶翅蝽 9月中旬以后成虫开始寻找场所越冬。秋季在果园附近空房内，将纸箱、水泥纸袋等折叠后挂在墙上，能诱集大量成虫在其中越冬，翌年出蛰前收集消灭。或秋冬傍晚于果园房前屋后、向阳面墙面捕杀茶翅蝽越冬成虫。

（三）消灭虫源

果实采收期间及采收后，要及时捡拾落在地上及留在树上的烂果、病果、虫果及僵果，集中起来将其烧掉或深埋。

二、夏季修剪技术

（一）修剪的目的

此次修剪为一年中的第四次修剪。在前面几次修剪的基础上，及时进行修剪。

对于幼旺树，注意进行主枝、侧枝及结果枝组的培养，疏除延长枝头附近的竞争枝。对初结果树和盛果期树，要调整树体生长势，通过疏枝等措施，使树体通风透光，结果枝充实，花芽饱满，为翌年优质高产奠定基础。

(二)修剪的内容

一般包括以下修剪内容:一是疏除背上直立枝,对于有空间保留的,可在基部2～3个分枝角度较大,生长较弱的副梢处短截。二是疏除结果后的下垂枝、交叉枝、重叠枝及过密枝。三是剪除梨小食心虫、黑蝉等为害枝,并将剪下的枝带出桃园烧掉。四是对衰弱枝组、过高枝组和过长的枝组进行适当更新回缩。五是对于直立枝可进行适当拉枝,以开张角度,缓和生长势。

(三)修剪量

修剪量要注意:不要一次性修剪量太大,一般不超过总枝量的5%;不要疏除粗大的枝,以免流胶。此期可延迟到8月中下旬以后进行,这时修剪量可以适当大一些。

三、土肥水管理

(一)土壤管理

1. 中耕　及时进行中耕松土、除草,避免草荒,使土壤疏松透气,最好不用除草剂除草。在干旱地区,如条件允许,可以在树盘内进行覆草,可以蓄集雨水,疏松土壤。

秋季清耕有利于晚熟桃充分利用地面散射光和辐射热,提高果实糖度和品质。

山区梯田深中耕后,可形成与坝堰平行的垄,雨水积存在垄沟内,增加了土壤蓄水时间,使土壤充分吸水饱和。

2. 毛叶苕子播种与管理

(1)播种时间　在石家庄地区,毛叶苕子最佳播种时间为秋季,一般8月中旬最为合适,秋季土壤墒情好,出苗快,杂草生长

弱，管理省工，至10月中下旬分生侧茎多，且可长至60～80厘米，形成厚50厘米的草坪。9月中旬至10月份播种，到越冬前则很少分生侧茎，且叶柄细短，叶片少，植株瘦弱，冬季不抗寒。春季播种的，幼苗期杂草数量大，生长势强，管理较费工，且到6～7月份不易越夏，大批死亡。

(2)播种方法　采用条播，行距30～35厘米。覆土后，可沿行用脚踩实，使种子与土壤紧密结合，以利于出苗和幼苗生长。一般播种量为3～5千克/667米^2。

(3)管理　毛叶苕子是一种覆盖性较强的肥地草，抗性强，比较抗旱、耐寒、耐瘠薄，生命力强，生长量大。出苗后一般情况下无须灌水和追施任何速效肥料。如果遇到特殊干旱天气，可以适量灌水。

(二)秋施基肥

秋施基肥主要是施有机肥。

1. 施用时期　基肥可以秋施、冬施或春施，果实采收后尽早施入，一般在9月份。秋季没有施基肥的桃园，可在春季土壤解冻后补施。秋施应在早中熟品种采收之后、晚熟品种采收之前进行，宜早不宜迟。秋施基肥的时间还应根据肥料种类而异，较难分解的肥料要适当早施，较易分解的肥料则应晚施。在土壤比较肥沃、树势偏于徒长型的植株或地块，尤其是生长容易偏旺的初结果幼树，为了缓和新梢生长，往往不施基肥，待坐果稳定后通过施追肥调整。

秋施比冬施、春施具有如下优点：一是增加桃树体内的贮藏养分。二是加速翌年叶幕迅速形成。三是促进果实个大。四是伤根易愈合并促发新根。五是避免春季施肥造成土壤干旱。六是利于肥料分解，并在适宜时间内发挥肥效。七是通过挖沟施基肥，可使下层土翻到上面，使桃树虫害减少。八是利用施基肥翻土，改善土壤结构。

2. 施肥量 基肥一般占施肥总量的50%～80%，施入量4 000～5 000千克/667米²。

3. 施肥种类 以腐熟的农家肥为主，适量加入速效化肥和微量元素肥料（过磷酸钙、硼砂、硫酸亚铁、硫酸锌、硫酸锰等）。

4. 施肥方法 桃根系较浅，大多分布在20～50厘米深土层内，因此，施肥深度在30～50厘米处。施肥过浅，易导致根系分布也浅，由于地表温度和湿度的变化对根系生长和吸收造成不利的条件。一般有环状沟施、放射沟施、条施和全园普施（图7-1）等。环状沟施即在树冠外围，开一环绕树的沟，沟深30～40厘米、宽30～40厘米，将有机肥与土的混合物均匀施入沟内，填土覆平。放射沟施即自树干旁向树冠外围开几条放射沟施肥。条施是在树的东西或南北两侧，开条状沟施肥，但需每年变换位置，以使肥力均衡。全园普施，施肥量大而且均匀，施后翻耕，一般应深翻30厘米。

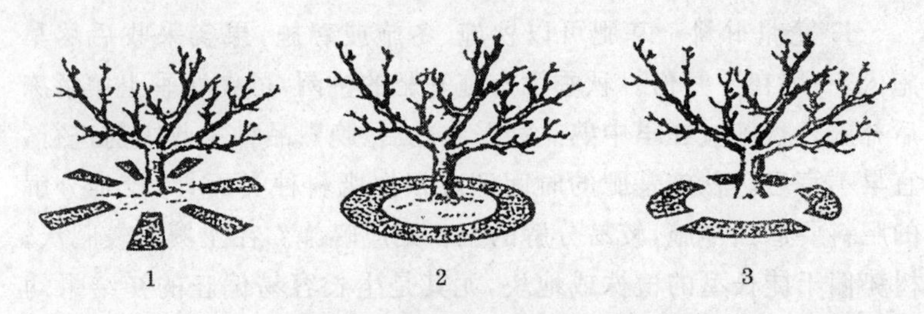

图7-1 桃树施基肥的方法

1. 放射沟施 2. 环状施肥 3. 条状沟施

5. 施基肥的注意事项 有机肥必须尽早准备，施用的肥料要先经过腐熟。在施基肥挖坑时，注意不要伤大根，否则影响吸收面积。有机肥与难溶性化肥及微量元素肥料等混合施用。在基肥中可加入适量的硼、硫酸亚铁、过磷酸钙等，与有机肥混匀后，一并施入。要不断变换施肥部位和施肥方法。施肥深度要合适，不要地面撒施和压土式施肥。如肥料充足，一次不要施太多，可以分次施入。

由于桃树敏感性较强，对于某些新型肥料要进行试验后再大量施用。

（三）灌　水

果实采收后进入雨季，如果雨量充足可以不进行灌水，此期适度干旱较适宜，如果出现严重旱情，也应及时灌水。如果遇大雨或暴雨出现涝害，要及时进行排水，尤其是低洼地区，不要出现积水。做好山地果园的水分保持和夏秋保墒。施有机肥后，要及时灌足水。

四、苗木嫁接

（一）嫁接时间及嫁接前的准备

培育芽苗和 2 年生苗，在 8 月份嫁接，培育 1 年生苗在 6 月中下旬嫁接。在嫁接前的 5 天左右，灌 1 次水。

（二）嫁接技术

1. 采集接穗　选品种纯正、生长健壮、无检疫对象的优质丰产树作采穗母株。芽接选用已木质化的当年生新梢中部。

2. 接穗处理　芽接接穗，随采随用，剪去叶片，留下叶柄，用湿布包好备用。

3. 接穗贮藏　如不立即使用，应将其放入盛有浅水（深 3 厘米）容器中，可以保存 3～7 天。注意放在阴凉处，并每天换水。枝条在运输中要防止高温和失水。

4. 嫁接方法 培育芽苗和2年生苗的嫁接部位离地面10厘米。培育的1年生苗离地面15～20厘米。采用“T”字形(图7-2)或带木质部芽接法。当砧木和接穗都离皮时,可用“T”字形芽接,如两者有一个不离皮时,要采用带木质部芽接。不管采用哪种方法,应将芽眼露在塑料布外。不要在下雨、低温和大风时进行嫁接。

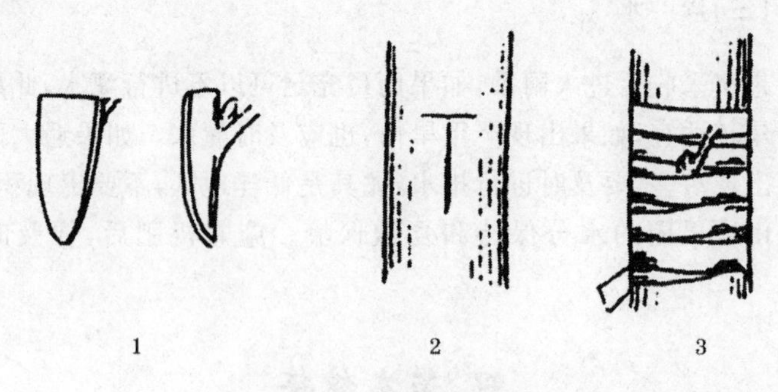

图7-2 “T”字形芽接

1. 削芽片 2. 砧木切口 3. 绑缚

5. 嫁接苗管理 芽接后10～15天检查成活率,未成活的进行补接。若培育1年生苗,芽接成活后,及时剪砧除萌。

五、夏季高接技术

(一)适宜嫁接的时间

在石家庄附近地区,一般为8月上旬至9月中旬。

(二)嫁接技术

植株选择、品种选择、嫁接部位、接穗的选择、嫁接操作技术等与春季高接技术基本一致。高接方法可以采用带木质部芽接和

"T"字形嫁接 2 种方法。由于成活率较高,嫁接芽数可以比春季要适当少些。嫁接后 10～15 天检查成活率,如果成活率低时,可以再补接 1 次。

第八章 休眠期管理

休眠期是从落叶至翌年春季萌芽为止，经历4～5个月的时间。在石家庄地区从11月初至翌年3月份。休眠期植株体内的新陈代谢仍在进行，只是活动进行微弱，肉眼看不见，休眠期间，植物体内的呼吸强度、碳水化合物、蛋白质、酚类物质、多种酶活性等在不同的阶段进行着一系列的生理生化变化。休眠期根系已停止生长，但仍有一定的吸收能力。体内仍需要一定的水分。此时病虫也处于休眠阶段，这是适应自然的结果。

此期主要的管理内容包括灌水、冬季修剪、清理桃园，以及防止树体发生冻害等。

一、灌封冻水

我国北方秋、冬干旱，在入冬前充分灌水，有利于桃树越冬，也是夺取翌年果品优质高产的重要措施之一。在秋季缺雨、冬季少雪的年份，灌好封冻水尤为重要。

(一)时　期

封冻水灌得过早，会使桃树贪青生长，推迟进入休眠期，降低树体抗寒性。灌得过迟，由于温度低，灌水不易在短时间内渗入地下，桃树易出现冻害。灌水的时间应掌握在以水在田间能完全渗下去，而不在地表结冰为宜。在石家庄地区以11月底为宜。最好选择在无大风的晴朗天气。

(二)灌 水 量

桃园封冻水灌水量大小,要以树冠大小、土壤质地及上次灌水多少等而定。一般来说,树龄大、挂果多、树冠大的树可以适当多灌些;对于刚刚定植不久,冠幅较小的幼树灌水量则应少些。一般以水分渗透根系分布层较为合适。成龄果园根系集中,分布层含水量如达到田间最大持水量的60%~70%,即可满足冬春两季树体蒸腾需要。较为干旱的山地果园灌水要足,而秋雨较多的地区果园则应适当控制灌水。

(三)灌水方法

1. 树盘漫灌 树盘漫灌的好处是灌水量大,水分渗入到较深的土层后能使树体较长时间吸收。方法简单,容易操作。

2. 轮状沟灌,分畦串水 这种方法可节省用水,但要注意及时覆土填沟,防止出现土壤板结硬化等现象。

3. 喷灌、管灌、渗灌和滴灌 有条件的可发展喷灌、管灌、渗灌和滴灌等先进的节水灌溉技术,达到省工、省时和节水的目的。

二、冬季修剪

冬季修剪一般在落叶后至萌芽前进行。

(一)冬季修剪的主要方法及效应

冬季修剪的主要方法有短截、疏枝、回缩和长放4种方法。

1. 短截 短截就是把1年生枝条剪短(图8-1)。

(1)短截目的 集中养分抽生新梢和坐果,增加分枝数目,以保证树势健壮和正常结果。

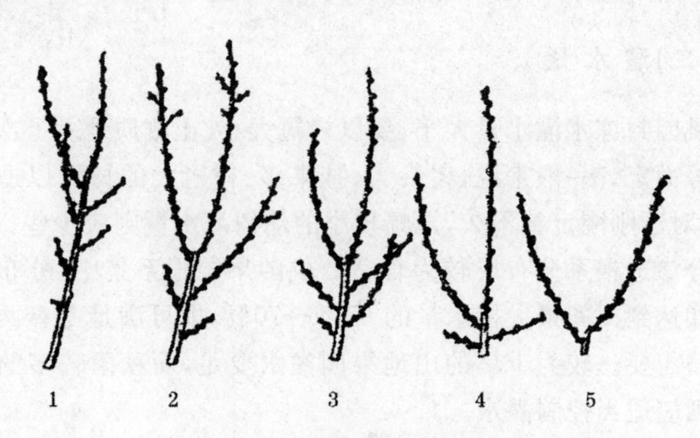

图 8-1　1 年生枝短截反应

1. 剪去 1/2　2. 剪去 2/3　3. 剪去 3/4～4/5

4. 剪去 4/5 以上　5. 留基部 2 叶芽剪

(2)短截对象　常用于骨干枝延长枝修剪、培养结果枝组和结果枝等。

(3)短截的类型　按短截的长度又可分为以下 6 种。

①中短截：在 1 年生枝的中部短截，短截后，在坐果的同时还可萌发新梢，萌发的顶端新梢长势强，下部长势弱。

②重短截：截去 1 年生枝的 2/3。剪后萌发枝条较强壮，一般用于主、侧枝延长头和长果枝修剪，以及培养结果枝组。

③重剪：截去 1 年生枝的 3/4～4/5。剪后萌发枝条生长势强壮，常用于发育枝作延长枝头、长果枝和中果枝的修剪，主要用于更新。

④极重短截：截去 1 年生枝的 4/5 以上。剪后萌发枝条中庸偏壮，常用于将发育枝和徒长枝培养结果枝组，或用于更新。

⑤留基部 2 叶芽剪：剪后萌发枝条较旺盛，常用于预备枝的修剪。

(4)影响短截效果的因素　主要因素有 2 个：一是剪口芽的饱

满度，二是剪留长度。从饱满芽处剪截，由于饱满芽分化质量高，剪后长势强，可以促发抽生较强壮的新梢。剪口留瘪芽，长势弱，一般只抽生中、短枝。短截越重，对侧芽萌发和生长势的刺激越强，但不利于形成高质量的结果枝。有时短截过重，还会出现削弱生长势的现象。短截越轻，侧芽萌发越多，生长势弱，枝条中下部易萌发短枝，较易形成花芽。适宜的剪留长度与结果枝粗度有关，对于枝条较粗者，宜进行轻短剪，应剪留长一些；反之，则短些。但对短果枝、花束状果枝不宜进行短截，单花芽多的品种少短截。

(5)短截的应用　短截的轻重应视树龄、树势和修剪目的而定。对于幼龄树，树势较旺，以培养良好而牢固的树形结构和提早结果为主要目的，延长枝要进行短截，其他结果枝一般以轻短截为主。从始果期至盛果期，主要是让桃树多结果，并形成良好的树体结构。所以，当有大量结果枝时，应采取适度短截和疏枝相结合的方法。进入衰老期的树，树势逐渐衰弱，产量逐年下降，修剪时要从恢复树势着眼，适当增加短截程度，剪口处留壮芽，以促进其萌发新梢，使树势复壮和继续形成结果枝。

2. 疏枝　疏枝是指将枝条从基部剪除(图 8-2)，可以是 1 年生枝，也可以是多年生枝。

(1)疏枝对象　树冠上的干枯枝、不宜利用的徒长枝、竞争枝、病虫枝、过密的轮生枝、交叉枝和重叠枝等。

(2)疏枝目的　使留下枝条分布均匀、合理，改善通风透光条件，并使养分集中用于结果枝生长和果实发育等。

(3)影响疏枝效果的因素　疏枝对树体的影响与疏除的枝条数量、性质、粗度和生长势强弱有关。疏除强枝、粗枝或多年生大枝，常会削弱剪口以上枝的生长势，而对剪口以下的枝有促进生长的作用。疏除发育枝可减少枝叶量，同时减少光合产物和根系的

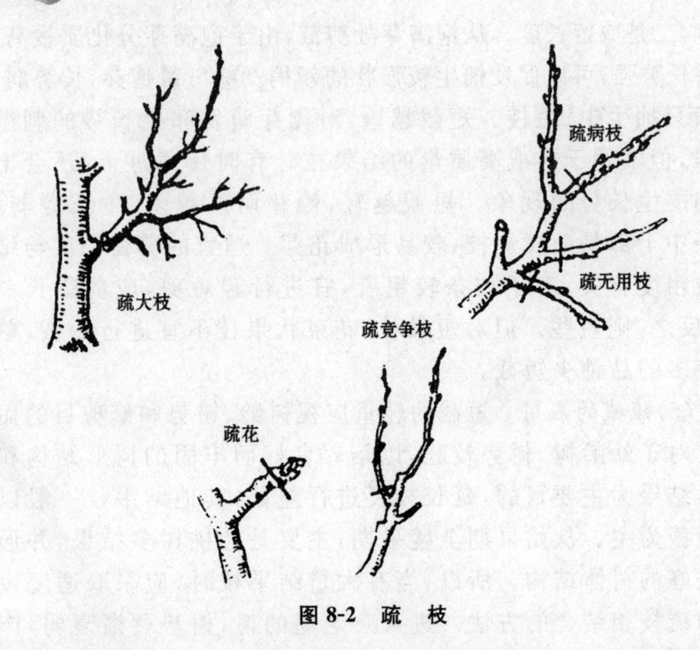

图 8-2　疏　枝

生长量。而疏除花芽较多的结果枝，则可以增加枝叶量和光合产物，并促进根系生长。总体来说，多疏枝有削弱树势、控制生长的作用。因此，对生长过旺的骨干枝可以多疏除壮枝，对弱骨干枝可以多疏除花芽，以达到平衡生长与结果的目的。

(4)疏枝的应用　树龄和树势不同，疏枝的程度也不同。幼树宜轻疏，以利于形成花芽，提早结果，也可以通过拉枝或长放代替疏枝。进入结果期以后，疏除枝头上的竞争枝，内膛里的密生枝，并适度疏除结果枝。进入衰老期，短果枝增多，应多疏除结果枝，促进营养生长，维持树势平衡。

3. 回缩　回缩就是对多年生枝的短截(图 8-3)。

(1)回缩对象　主枝、侧枝、辅养枝和结果枝组。

(2)回缩目的　一是调整树体生长势。二是改善树冠光照，更

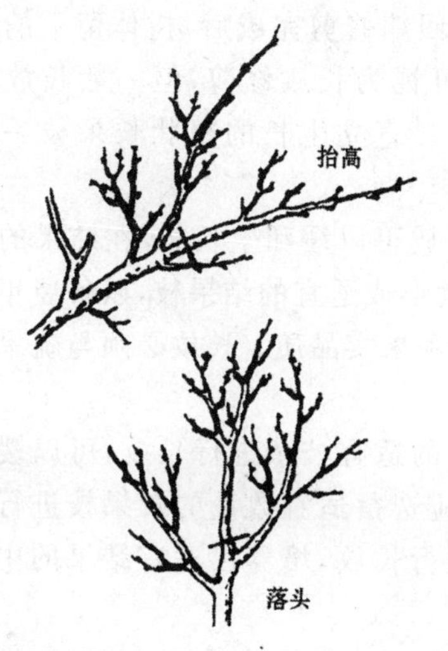

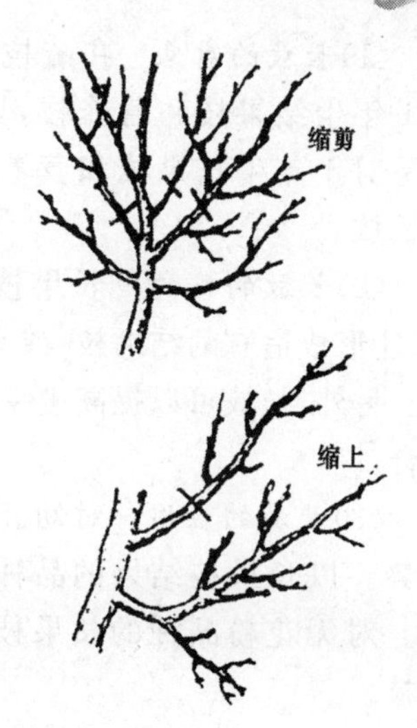

图 8-3　回　缩

新树冠，降低结果部位，调节延长枝的开张角度。三是控制树冠或枝组的发展，充实内膛，延长结果年限。

(3)影响回缩效果的因素　回缩后的反应强弱则决定于剪口枝的强弱。剪口枝如留强旺枝，则剪后生长势强，有利于更新和恢复树势。剪口枝如留弱枝，则生长势弱，多抽生中短枝，有利于成花结果。剪口枝长势中等，剪后也会保持中庸，多促发长中果枝，既能生长，又能结果。

(4)回缩的应用　当主枝、侧枝、辅养枝或结果枝组延伸过长，影响其他枝生长时，进行回缩。当主枝、侧枝、辅养枝或结果枝组角度太低并开始变弱时，进行回缩，可以回缩到直立枝上，抬高角度，以增强其生长势。对于过高的结果枝组要进行及时回缩，以抑制其生长势。

4. 长放　长放就是对 1 年生枝不实施短截、疏枝等，任其生长。

(1)长放的对象　在疏枝和回缩修剪完成后,树体留下的各种1年生结果枝和营养枝,均可视为长放修剪,但一般长放指的是对1年生长果枝和营养枝。直立生长的粗壮长果枝一般不长放。

(2)长放的目的　长果枝长放可以缓和生长势,在结果的同时,还形成适宜的结果枝,或只为形成适宜的结果枝,以备翌年结果。另外,长放可以提高坐果率和果实品质。长放必须与疏果相结合。

(3)长放的应用　对幼旺树的适宜枝条进行长放,可以缓和树势。以长果枝结果的品种,应选留适宜数量的长果枝进行长放。对无花粉品种的长果枝进行长放,培养出适宜结果的中短果枝。

5. 4种修剪方法的综合运用　冬季修剪是短截、回缩、疏枝和长放4种方法的综合运用。通过修剪使树体达到中庸状态是冬季修剪的主要目的。何时应用哪种方法,用到什么程度,是一个非常灵活的操作过程。对于同一株树,不同的人有不同的修剪方法。对于骨干枝的处理应是基本一致,对于结果枝往往不同。一般对幼树和偏旺的树,多采用疏枝和长放,而对较弱或衰老树多采用短截与回缩的方法。

(二)几种丰产树形的树体结构

1. 三主枝开心形　三主枝开心形是当前露地栽培桃树的主要树形,具有骨架牢固、树冠较大、树体易于培养和控制、光照条件好和丰产稳产等特点。三主枝开心形的结构见表8-1和图8-4。

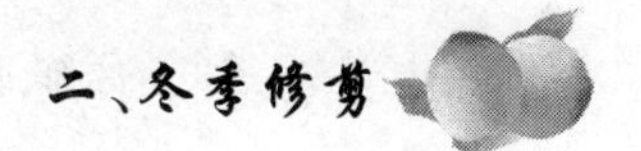

表 8-1　桃树三主枝开心形树体结构

<table>
<tr><td colspan="2">项　目</td><td>内　容</td></tr>
<tr><td colspan="2">树　高</td><td>2.5 米</td></tr>
<tr><td colspan="2">干　高</td><td>40～50 厘米</td></tr>
<tr><td rowspan="8">主　枝</td><td>数　量</td><td>3 个</td></tr>
<tr><td>延伸方式</td><td>波浪曲线延伸(图 8-5)</td></tr>
<tr><td>分　布</td><td>第一主枝朝北,第二主枝朝西南,第三主枝朝东南,切忌第一主枝朝南,以免影响光照。如是山坡地,第一主枝选坡下方,2～3 主枝在坡上方,提高距地面高度,管理方便,光照好</td></tr>
<tr><td rowspan="2">距　离</td><td>第一主枝距第二主枝 15 厘米</td></tr>
<tr><td>第二主枝距第三主枝 15 厘米</td></tr>
<tr><td rowspan="3">角　度</td><td>第一主枝 60°～70°</td></tr>
<tr><td>第二主枝 50°～60°</td></tr>
<tr><td>第三主枝 40°～50°</td></tr>
<tr><td rowspan="5">侧　枝</td><td>数　量</td><td>每主枝选 2 个侧枝,第二侧枝着生在与第一侧枝相对的方向,并顺一个方向呈推磨式排列</td></tr>
<tr><td rowspan="3">分　布</td><td>第一主枝上的第一侧枝距主干 60～70 厘米,第二侧枝距第一侧枝 40～50 厘米</td></tr>
<tr><td>第二主枝上的第一侧枝距主干 50～60 厘米,第二侧枝距第一侧枝 40～50 厘米</td></tr>
<tr><td>第三主枝上的第一侧枝距主干 40～50 厘米,第二侧枝距第一侧枝 40～50 厘米</td></tr>
<tr><td>角　度</td><td>侧枝要求留背斜枝,角度较主枝大 10°～15°。侧枝与主枝夹角 70°左右,夹角大易交叉,夹角小,通风透光差</td></tr>
</table>

续表 8-1

项　目		内　容
结果枝组	大　小	大型结果枝组长 80 厘米
		中型结果枝组长 60 厘米
		小型结果枝组长 40～50 厘米
	同方向枝组间距	大型枝组 50～60 厘米
		中型枝组 30～40 厘米
		小型枝组配置在大、中枝组的空间
	形　状	圆锥形为好
	排　列	大枝组位于骨干枝两侧，在初果期树上，骨干枝背后也可以配置大型结果枝组
		中枝组位于骨干枝两侧，或安插在大型枝组之间，可以长期保留或改造疏除
		小枝组位于树冠外围、骨干枝背后及背上直立生长，有空则留，无空则疏
		在骨干枝上的配置，是两头稀中间密，顶部以中、小型为主，基部和中部以大、中型为主
结果枝	剪后距离	南方品种群 15～20 厘米。北方品种群 10 厘米
	剪留长度	长果枝 20～30 厘米。中果枝 10～20 厘米。短果枝剪留 4 芽或疏除。花束状枝只疏不截
	角　度	长中果枝以斜生为好
	更　新	单枝更新和双枝更新

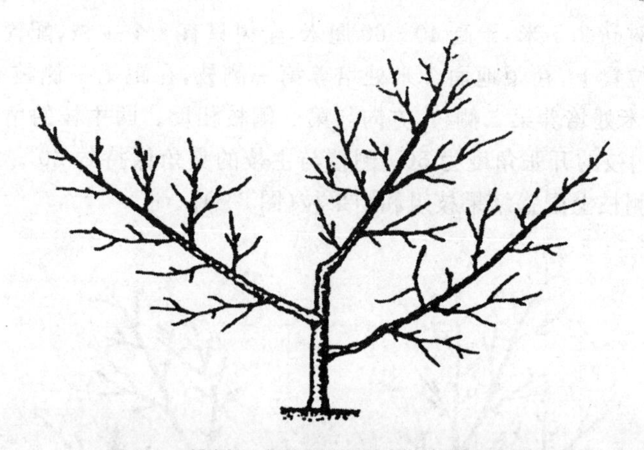

图 8-4　桃树三主枝开心形树体结构示意图

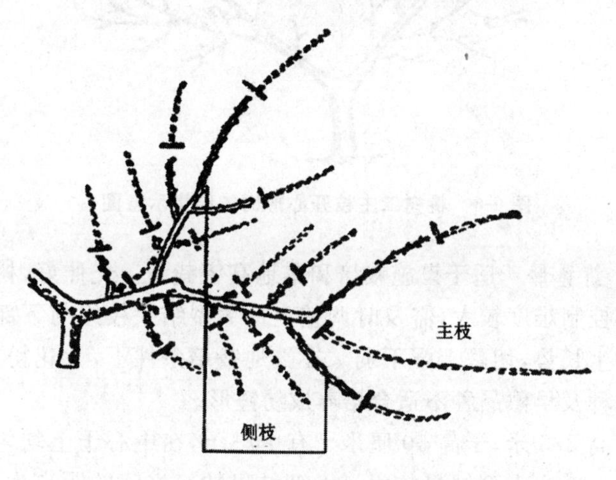

图 8-5　桃树主枝波浪曲线延伸

2. 二主枝开心形　适于露地密植和设施栽培，容易培养，早期丰产性强，光照条件较好。是目前提倡应用和推广的主要树形。

树高 2.5 米，干高 40～60 厘米，全树只有 2 个主枝，配置在相反的位置上，在距地面 1 米处培养第一侧枝，在距第一侧枝 40～60 厘米处培养第二侧枝，方向与第一侧枝相反。两主枝的角度为 45°，侧枝的开张角度为 50°，侧枝与主枝的夹角保持约 60°。在主枝和侧枝上配置结果枝组和结果枝(图 8-6)。

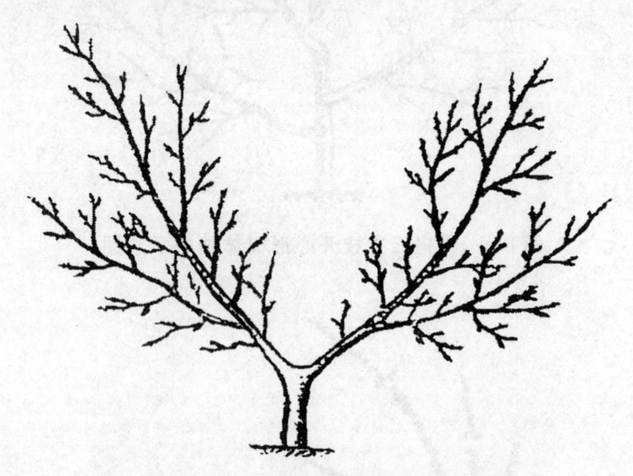

图 8-6　桃树二主枝开心形树体结构示意图

3. 纺锤形　适于设施栽培和露地高密栽培。光照好，树形的保持和控制难度较大，需及时调整上部大型结果枝组与下部结果枝组的生长势，切忌上强下弱。在露地栽培条件下，无花粉、产量低的品种及早熟品种不适合培养成纺锤形。

树高 2.5 米，干高 50 厘米。有中心干，在中心干上均匀排列着生 8～10 个大型结果枝组。大型结果枝组之间的距离为 30 厘米。角度平均为 70°～80°。大型结果枝组上直接着生小枝组和结果枝(图 8-7)。

4. 主干形　高光效高产树形。适于设施栽培和露地密植栽培。主干 50 厘米，树高 2.5 米左右，有一个强健的中央领导干，其上直接着生30～60个长、中、短果枝。果枝的粗度与主干的粗度相差较大。树冠直径小于1.5米，围绕主干结果，受光均匀，果个大。主干形桃树成形快，修剪量少，花芽质量好，横向果枝更新容易。该树形的修剪应采用长枝修剪技术，一般不进行短截。在露地栽培条件下，应选用有花粉、丰产性强的中晚熟品种。早熟品种采收后仍正值高温高湿季节，由于没有果实的压冠作用，新梢生长量大，难以有效控制。无花粉品种如在花期遇不良气候，会影响坐果率，果少易导致营养生长过旺，树体上部直立枝和竞争枝多，适宜结果枝少。

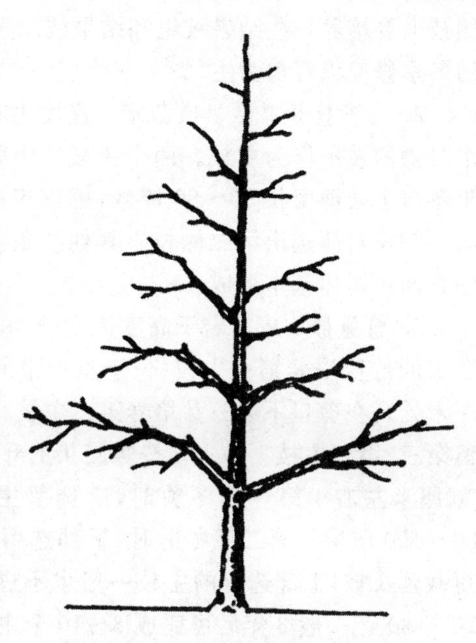

图 8-7　桃树纺锤形树体结构示意图

(三)不同树形的整形过程

1. 三主枝开心形　成苗定干高度为60～70厘米，剪口下20～30厘米处要有5个以上饱满芽作整形带。第一年选出3个错落的主枝，任何一个主枝均不要朝向正南。第二年在每个主枝上选出第一侧枝，第三年选第二侧枝。每年对主枝延长枝剪留长40～50厘米。为增加分枝级次，生长期可进行两次摘心。生长期用拉枝等方法开张角度，控制旺长，促进早结果。4年生树在主、侧枝上要培养一些结果枝组和结果枝。为了快长树、早结果、幼树的冬季修剪以轻剪为主。

2. 二主枝开心形　成苗定干高度为60厘米，在整形带选留2个对侧的枝条作为主枝。两个主枝一个朝东，另一个朝西。第一年冬剪主枝剪留长50～60厘米，第二年选出第一侧枝，第三年在第一侧枝对侧选出第二侧枝。其他枝条按培养枝组的要求修剪，到第四年树体基本形成。

3. 纺锤形　成苗定干高度为80～90厘米，在以下30厘米内合适的位置培养第一主枝（位于整形带的基部，剪口往下25～30厘米处），在剪口下第三芽培养第二主枝。用主干上发出的副梢选留第三、第四主枝。各主枝按螺旋状上升排列，相邻主枝间间距为30厘米左右。第一年冬剪时，所选留主枝尽可能长留，一般留80～100厘米。第二年冬剪时，下部选留的第一至第四主枝不再短截延长枝，上部选留的主枝一般也不进行短截。主枝开张角度70°～80°。一般3年后可完成8～10个主枝的选留。

4. 主干形　第一年成苗定植后不定干，如苗木上副梢基部有芽的，可直接将其疏除，基部没芽的可将副梢留一个芽重短截，一般当年可在主干上直接发出10～15个横向生长的新梢。对顶端新梢上发出的二次副梢，也应注意加以控制，防止对中央干延长头产生竞争。当年冬季修剪一般仅采用疏枝与长放2种方法。对于适宜结果枝不进行短截，利用其结果。疏除其他不适宜的结果枝，对中心干延长头不短截，并疏除其附近的结果枝。因树体大小，一般当年选留5～10个结果枝。

第二年生长季整形修剪主要任务是培养直立粗壮的主干，形成足够的优良结果枝。一般情况下，翌年树体高度可以达到2.5米，已有30个以上结果枝。翌年冬季修剪主要任务是控制主干延长头，一般不短截，可在顶部适当多留细弱果枝，以果压冠，并疏除粗枝。树体达到高度后，一般修剪后全树应留20～35个结果枝。

(四)初结果和盛果期树的修剪

初结果期的主要任务是继续完善树形，培养骨干枝和结果枝组。盛果期树的主要任务是维持树势，调节主、侧枝生长势均衡和更新枝组，防止早衰和内膛空虚。盛果期树的修剪同样是夏季修剪与冬季修剪相结合，两者并重。

1. 骨干枝的修剪

(1)主枝的修剪　盛果初期延长枝应以壮枝带头，剪留长度为30厘米左右，并利用副梢开张角度，减缓树势。盛果后期，生长势减弱，延长枝角度增大，应选用角度小、生长势强的枝条以抬高角度，增强其生长势，或回缩枝头刺激萌发壮枝。

(2)侧枝的修剪　随着树龄的增长，树冠不断扩大，侧枝伸展空间受到限制，由于结果和光照等原因，下部侧枝衰弱较早。修剪时对下部严重衰弱、几乎失去结果能力的侧枝，可以疏除或回缩成大型枝组。对有生长空间的外侧枝，用壮枝带头。此期仍需调节主、侧枝的主从关系。

(3)结果枝组的修剪　对结果枝组的修剪以培养和更新为主，对细长弱枝组要更新，回缩并疏除基部过弱的小枝组，内膛大枝组出现过高或上强下弱时，轻度缩剪，降低高度，以结果枝当头。枝组生长势中庸时，只疏强枝。侧面和外围生长的大中枝组弱时缩，壮时放，放缩结合，维持结果空间。各种枝组在树上均衡分布。3年生枝组之间的距离应在20～30厘米，4年生枝组距离为30～50厘米，5年生为50～60厘米。调整枝组之间的密度可以通过疏枝、回缩，使之由密变稀、由弱变强，更新轮换。保持各个方位的枝条有良好的光照。

2. 长枝修剪技术(结果枝的修剪)

(1)长枝修剪技术及优点　长枝修剪技术是一种基本不使用短截，仅采用疏枝、回缩和长放的修剪技术。由于基本不短截，修剪后的1年生枝的长度较长(结果枝平均长度一般为30～50厘米),故称为长枝修剪技术。长枝修剪技术具有操作简单、节省修剪用工、冠内光照好、果实品质优良、有利于维持营养生长和生殖生长的平衡、树体容易更新等优点,已得到了广泛的应用,并取得了良好的效果。

(2)长枝修剪技术的要点　长枝修剪以疏枝、回缩和长放为主,基本不短截。对于衰弱的枝条,可进行适度短截。

①疏枝:主要疏除直立或过密的结果枝组和结果枝。对于以长果枝结果为主的品种,疏除徒长枝、过密枝及部分短果枝、花束状果枝。对于中短果枝结果的品种,则疏除徒长枝、部分粗度较大的长果枝及过密枝,中短果枝和花束状果枝要尽量保留。

②回缩:对于2年生以上延伸较长的枝组进行回缩。

③长放:对于疏除与回缩后余下的结果枝大部分采用长放的方法,一般不进行短截。

第一,长放结果枝的长度。以长果枝结果为主的品种,主要保留30～60厘米的结果枝,小于30厘米的果枝原则上大部分疏除。以中短果枝结果的无花粉品种和大果型、梗洼深的品种,如八月脆、早凤王、仓方早生等,保留20～30厘米的果枝及大部分健壮的短果枝和花束状果枝用于结果;另外,保留部分大于30厘米的结果枝,用于更新和抽生中短果枝,便于翌年结果。

第二,长放结果枝的留枝量。主枝(侧枝、结果枝组)上每15～20厘米保留1个长果枝(30厘米以上),同侧长果枝之间的距离一般30厘米以上。对于盛果期树,以长果枝结果为主的品种,长果枝(大于30厘米)留枝量控制在4 000～5 000个/667米^2,总枝量小于10 000个/667米^2。以中短果枝结果的品种,长果枝(大于30厘米)留枝量控制在小于2 000个/667米^2,总果枝量控制在小于12 000个/667米^2。生长势旺的树留枝量可相对大一些,而生长势弱的树留枝量小一些。另外,如果树体保留的长果枝数量多,总枝量要相应减少。

第三,长放结果枝的角度。所留长果枝应以斜上、水平和斜下方为主,少留背下枝,尽量不留背上枝。结果枝角度与品种、树势、树龄有关。直立的品种,主要留斜下方或水平枝,树体上部应多留背下枝。对于树势开张的品种,主要留斜上枝,树体上部可适当留一些水平枝,树体下部选留少量背上枝。幼龄树,尤其是树势直立的幼龄树,可适当多留一些水平枝及背下枝。

④短截:当树势变弱时,应进行适度短截。并对各级延长头进行短截,以保持其生长势。

⑤结果枝的更新:长枝修剪中结果枝的更新有以下 2 种方式。

第一,利用长果枝基部或中部抽生的更新枝(图 8-8)。采用长枝修剪后,果实重量和枝叶能将 1 年生枝压弯、下垂,枝条由顶端优势变成基部背上优势,从基部抽生出健壮的更新枝。冬剪时,

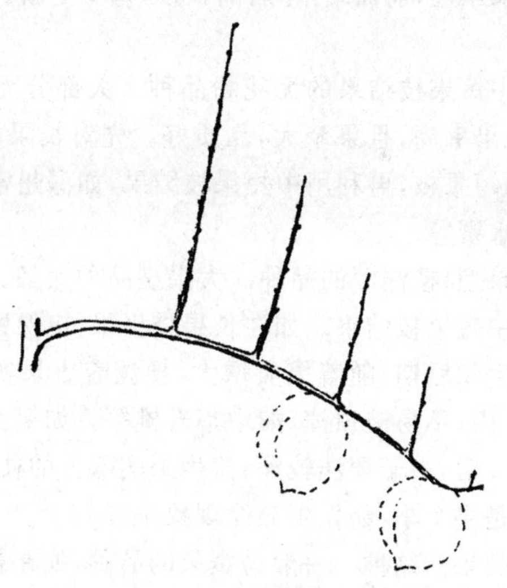

图 8-8 长枝修剪更新枝示意图

对以长果枝结果的品种，将已结果的母枝回缩至基部健壮枝处更新，如果母枝基部没有理想的更新枝，也可以在母枝中部选择合适的新枝进行更新。对以中短果枝结果的品种，则利用中短果枝结果，保留适量长果枝仍然长放，多余的疏除。

第二，利用骨干枝上抽生的更新枝。由于长枝修剪树体留枝量少，骨干枝上萌发新枝的能力增强，会抽生出一些新枝。如果在主枝（侧枝）上着生结果枝组的附近已抽生出更新枝，则可对该结果枝组进行整体更新。

⑥适宜长枝修剪技术的品种：适宜长枝修剪技术的品种有以下 4 类。

第一，以长果枝结果为主的品种。对于以长果枝结果为主的品种，可以采用长枝修剪技术，疏除竞争枝、徒长枝和多余的短果枝和花束状果枝，适当保留部分健壮或中庸的长果枝，并进行长放，结果后以果压冠，前面结果，后面长枝，每年更新。适宜品种有大久保等。

第二，以中短果枝结果的无花粉品种。大部分无花粉品种在中短果枝上坐果率高，且果个大，品质好。先对长果枝长放，促使其上抽生出中短果枝，再利用中短果枝结果，如深州蜜桃、丰白、仓方早生、安农水蜜等。

第三，大果型、梗洼深的品种。大果型品种大都具有梗洼深的特点，适宜在中短果枝结果。如在长果枝坐果，应保留结果枝中上部的果实，在生长后期，随着果实增大，梗洼着生果实部位的枝条弯曲进入梗洼内，不易被顶掉，如中华寿桃等。如果在结果枝基部坐果，果实长大后，由于梗洼较深，着生果实部位的枝条不能弯曲，便被顶掉，或是果个小，易发生皱缩现象。

第四，易裂果的品种。一般易裂果的品种，如在长果枝基部坐果会加重裂果。利用长枝修剪，让其在长果枝中上部结果，当果实长大后，便将枝条压弯、下垂，这时枝条和果实生长速度缓和，减轻裂果。适宜的品种有华光、瑞光3号等。

(3)长枝修剪的配套技术

①疏花疏果：长枝修剪结果枝花芽留量大，必须及时进行疏花疏果，控制负载量，以提高果实品质，并可以抽生出健壮的更新枝，这是长枝修剪的配套措施之一。疏花时，以疏花蕾为主，疏去双生花中的一个，疏去枝条基部和先端过密的花蕾，保留中部和前部质量较好的花蕾。每个长果枝留10～15朵花。疏果时要疏去果枝基部的果，保留果枝中部和前部的果，随着果实和叶片的生长，枝条下垂，促使结果枝基部萌发出长果枝，用于翌年更新。

一般来讲，中小果型品种每个长果枝留3～5个果，大果型品种每个长果枝留2～3个果。如按果间距留果，果实之间的空间距离为15～20厘米(中小果型)或25～30厘米(大果型)。树体上部和营养生长健壮的结果枝应适当多留果，而树体下部和营养生长弱的结果枝应少留果。对于中短果枝结果的品种，主要按果间距留果。

②肥水管理：加强肥水管理，保证果实与更新枝的健壮生长。

(4)长枝修剪应注意的几个问题

①控制留枝量：对于以长果枝结果的品种，已经留有足够的长果枝，如果再留过多的短果枝和花束状果枝，将会削弱树势，难以保证抽生出足够数量的更新枝，增加翌年更新的难度。因此，在控制长果枝数量的同时，还要控制短果枝和花束状果枝的数量。但对于无花粉品种、大果型或易采前落果的品种，要多留中短果枝。

②控制留果量：采用长枝修剪后，虽整体留枝量减少，但花芽的数量并没有减少，由于前期新梢生长缓和，还会增加坐果率，所以与常规修剪一样，同样要疏花疏果，保留适宜的留果量。

③肥水管理：对于长枝修剪后生长势开始变弱的树，应增加短截数量，减少长放，并加强肥水管理，适当增加施肥次数和施

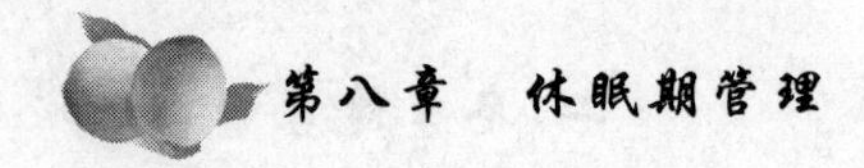

肥量。

④不宜采用长枝修剪技术的树和品种：对于衰弱的树和没有灌溉条件的树不宜采用长枝修剪技术。

(五)树体改造技术

1. 栽植过密的树

(1)生长表现　栽植过密的树，一般株行距都较密，生产中多为 2 米×3 米。株距小，主枝较多，主枝角度小，生长较直立。树冠内光照不良，结果部位外移，结果枝少，花芽数量少，质量差。内膛枝条纤细、衰弱，甚至死亡。

(2)改造措施　对于过密的树，要按照“宁可行里密，不可密了行”的原则进行间伐。通过间伐，使行间距大于或等于 5 米。如果株距为 2～3 米，可将其改造成两主枝开心形或“Y”形。疏除株间的主枝，保留 2 个朝向行间的主枝。对于直立生长的主枝，要适当开角。

2. 无固定树形的树

(1)生长表现　从定植后一直没有按预定的树形进行整形，放任生长，有空间就留，致使主枝过多，内膛密挤。结果部位外移，只在树冠外围有较好的结果枝。由于透光差，内膛枝逐渐死亡，主枝下部光秃。产量低，品质差，喷药困难，病虫害防治效果差。

(2)改造措施　已不能整成理想的树形，只能因树整形。根据栽植密度确定主枝的数量。主要是疏除伸向株间的大枝或将其逐步疏除。如株行距为 4 米×5～6 米，宜采用三主枝开心形，选择方向、角度适宜的 3 个主枝，3 个主枝尽量朝向行间，不要留正好朝向株间的主枝，且 3 个主枝在主干上要错开，不要太近。如株行距为 2～3 米×4～5 米，可以采用二主枝开心形，选择方向和角度适宜的 2 个主枝，分别朝向行间。选留主枝上的枝量要尽量多一些，主枝和侧枝要主次分明，如果侧枝较大，要对其进行回缩。对骨干枝延长头进行短截，以保证其生长势。

对树冠内的直立枝、横向枝、交叉枝和重叠枝，进行疏间或在2～3年内改造成为结果枝组。过低的下垂枝，尤其距地面1米以下的下垂枝必须疏除或回缩，以改善树体的下部光照条件。对于株间互相搭接的枝要进行回缩或疏除。

3. 结果枝组过高、过大的树

(1)**生长表现** 由于结果枝组过高过大，背上结果枝组过多，树冠光照差，导致大量结果枝衰弱和枯死。这种树主要是对结果枝组控制不当，没有及时回缩，生长过旺，形成了所谓的“树上长树”。

(2)**改造措施** 应当按结果枝组的分布距离，疏除过大、过高直立枝组或回缩改造成中、小枝组。根据其生长势，将留下的枝组去强留弱，逐步改造成大、中、小不同类型的结果枝组。要疏除枝组上的发育枝和徒长枝。

4. 未进行夏季修剪的树

(1)**生长表现** 树冠各部位发育枝较多，光照差，除树冠外围和上部有较好的结果枝外，内膛和树冠下部光照差，枝条细弱，花芽少，着生部位高，质量差。

(2)**改造措施** 应选好主、侧枝延长枝，多余的发育枝从基部疏除。各类结果枝尽量长放不短截，用于结果。对骨干枝延长头进行短剪，其他枝不进行短截，以缓和树体的生长势。

三、虫害防治及伤口保护

(一)虫害防治

此期病虫害均处于休眠时期，病虫害防治主要是农业防治，消灭越冬病源和虫源，压低基数。

1. 山楂红蜘蛛和二斑叶螨 冬季清园，刮树皮，及时清除地下杂草。在越冬雌成虫进入越冬前，树干绑草，诱集其在草上越冬，早春出蛰前解除绑草烧毁。

2. 桃潜叶蛾 冬季彻底清除落叶，消灭越冬蛹。

3. 苹小卷叶蛾 桃树休眠期彻底刮除树体粗皮、剪锯口周围的死皮，消灭越冬幼虫。

4. 桑白蚧 休眠期用硬毛刷，刷掉枝条上的越冬雌虫，并剪除受害枝条，一同烧毁，之后喷石硫合剂。

5. 桃蛀螟 冬季或早春及时处理向日葵、玉米等秸秆，并刮除桃老翘皮，清除越冬茧。

6. 桃小食心虫 根据幼虫脱果后大部分潜伏于树冠下土中的特点，成虫羽化前，可在树冠下地面覆盖地膜，以阻止成虫羽化后飞出。

7. 白星花金龟 结合秸秆沤肥、翻粪和清除鸡粪，捡拾幼虫和蛹。

8. 桃球坚介壳虫 早春芽萌动期，用石硫合剂均匀喷布枝干，也可用95%机油乳剂50倍液混加5%高效氯氰菊酯乳油1 500倍液喷布枝干，均能取得良好的防治效果。在群体量不大或已错过防治适期，且受害又特别严重的情况下，在春季雌成虫产卵以前，采用人工刮除的方法防治，并注意保护利用黑缘红瓢虫等天敌。

9. 黑蝉 结合修剪，发现被害枝条及时剪掉烧毁。

10. 桃小蠹 结合修剪彻底剪除有虫枝和衰弱枝，集中处理效果很好。

11. 桃绿吉丁虫 清除枯死树，避免树体伤口和粗皮，减少虫源，增强树势。秋、冬季彻底清除桃园内外杂草及其他植物残体，刮除树干及枝杈处的粗皮，剪除树上的病残枝和枯枝并集中烧毁，可以减少越冬卵量。

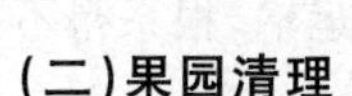

(二)果园清理

1. 剪除病虫枝 结合冬季修剪，剪除在枝干上越冬的病虫枝。如桑白蚧、桃疮痂病、桃褐腐病、桃炭疽病和细菌性穿孔病，以及枯枝、僵果和虫茧，彻底清除残留在树枝上的果袋、扎草、吊枝用的棍棒、绳索，将它们和果树周围的落叶、杂草一并集中烧毁，消灭害虫越冬态和病菌孢子。

2. 清扫枯枝落叶 在桃树落叶后，清扫桃园内枯枝落叶，消灭在枝条和叶片中越冬的病虫，如桃潜叶蛾等。不用带病菌的支棍，注意剪除干桩、干橛。

3. 树干涂白 树干涂白可以减少日灼和冻害，延迟桃树的萌芽和开花，避免晚霜危害，还可兼治树干病虫害，杀死在皮缝中的越冬害虫。涂白剂要稠稀适当，以涂时不流失，干后不翘、不脱落为宜。用 50 升水、15 千克石灰、1 千克硫磺、0.1 千克凝固油和 0.25 千克面粉，混合煮成涂白剂，将主干涂白。

4. 翻树盘 通过翻树盘，把在土壤中越冬的害虫翻于地表冻死，如桃小食心虫、梨小食心虫等，一般翻园的深度为 30～40 厘米，时间是越接近土壤封冻，效果越好。

(三)伤口保护

1. 伤口类型 伤口一般包括剪口、锯口、病疤以及其他人为因素等造成的果树表皮和皮层破坏、木质部断裂和外露现象。

2. 伤口危害 一是伤口容易感染侵染性病害，如干腐病、桃树流胶病等。二是伤口是某些虫害的入侵之地，如红颈天牛成虫易从大伤口下产卵，卵孵化出幼虫进入树皮内为害。三是伤口散失大量的水分，特别是冬春树体活动相对较弱期，伤口不愈合，加上寒冷干旱，水分散失的时间长、速度快，危害更大，可造成树体衰弱，抗病抗逆能力减弱，果品产量质量受影响。四是皮层是运输有机养分的主要通道，伤口阻断了营养物质上下运输，根系得不到养分，树体衰弱，严重时影响果实大小和品质。

3. 伤口保护　涂抹伤口保护剂，可在伤口上形成一层保护膜，防病又保水，还能促进愈合。

4. 几种伤口保护剂配方

（1）波尔多浆保护剂　用硫酸铜0.5千克、石灰1.5千克、水7.5升先配成波尔多浆，再加入动物油0.2千克搅拌均匀即可。

（2）灰盐保护剂　用石灰1千克、盐0.05千克、水1升，加少量鲜牛粪搅拌均匀即可。

（3）固体蜡材料　用松香0.4千克、蜂蜡0.2千克、牛羊油0.1千克。先用文火把松香化开，再把蜂蜡、牛羊油加入，融化后倒入冷水盆内冷却，冷却后取出，用手搓成团备用，用时加热化开。

（4）液体蜡材料　用松香0.6千克、牛羊油0.2千克、酒精0.2升、松节油0.1千克。先将松香和牛羊油加热化开，搅匀后再慢慢加入酒精和松节油，搅拌均匀，装瓶密封备用。

（5）松香漆合剂　取松香、酚醛清漆各1份，先把酚醛清漆煮沸，再将松香倒入搅拌均匀即可。

（6）牛粪保护剂　取牛粪5份、黄泥5份，加浓度为50毫克/千克的920调成糊状，涂抹伤口。

另外，市场上有商品化的伤口愈合保护剂出售。

四、主干或主枝冻害及预防措施

（一）主干或主枝冻害的表现

1. 根颈冻害　根颈是地上部进入休眠最晚而结束休眠最早的部位，因此抗寒力低。根颈所处的部位接近地表，温度变化剧烈，所以最易受低温或温度剧烈变化而造成伤害。根颈受冻后，韧

皮部变成红色或褐色，轻者发生在局部，重者可能成环状。受冻害严重时，形成层和木质部变成红褐色，常引起树势衰弱或整株死亡。

2. 树干冻害 持续低温和温度剧烈变化均可使树干遭受冻害。树干受冻后，有时形成纵裂，树皮常沿裂缝脱离木质部，严重时外卷。冻裂后随着气温升高一般可以愈合，冻伤严重时则会整株死亡。裂缝一般只限于皮部，以西北方向为多。严重的也可深达木质部。

3. 多年生枝冻害 受冻部分最初微变色下陷，不易察觉，用刀挑开可发现皮部已变成褐色，皮部裂开脱落，以后逐渐干枯死亡。如形成层尚未受伤，可以逐渐恢复。多年生枝杈部分，特别是主枝的基角内部，由于进入休眠期较晚，位置荫蔽而狭窄，输导组织发育差，易遭受积雪冻害。受冻枝干易感染腐烂病、干腐病和流胶病。

（二）预防措施

1. 选育抗寒品种 这是防止冻害最根本而最有效的途径，从根本上提高桃树的抗寒力。不栽培不抗寒的品种，如中华寿桃、21世纪等。

2. 因地制宜，适地适栽 各地应严格选择当地主要发展品种。在气候条件较差、易受冻害的地方，可采取利用良好的小气候适当集中的方法。新引进的品种必须先进行试栽。

3. 抗寒栽培 利用抗寒力强的砧木进行高接建园，可以减轻桃树的冻害，一般嫁接高度为1米以上。在幼树期，采取有效措施，使枝条及时停长，加强越冬锻炼。结果树必须合理负荷，避免因结果过多，而使树势衰弱，降低抗寒能力。在年周期管理中，应本着促进前期生长，控制后期生长，使枝条充分成熟，积累养分，接受锻炼，及时进入休眠的原则进行管理。

4. 加强树体的越冬保护 幼树整株培土，大树主干培土。其他如覆盖、设风障、包草、涂白等都有一定效果。

五、大树移栽

（一）移栽时期

大树移栽最好选择在休眠期进行，适宜时期为秋季落叶后和春季萌动前，有利于缩短缓苗期。一般秋季落叶后移栽较好，翌年发根早，成活率高，生长量大。

（二）适宜树龄与生长势

一般为生长健壮的5～10年生树。树龄太大、生长势弱的树移栽成活率低，或移栽后生长弱。

（三）移栽技术

1. 移栽树的处理 对移栽树先进行修剪，并实行重剪。主枝剪去1/3，侧枝剪去1/2，旺枝、徒长枝全部疏除，对伤口进行保护，并用塑料薄膜包严，减少运输过程中的风吹、干裂及栽后失水；并在南北方向枝上做标记，以便栽植时按原方向栽植。

2. 灌水处理 移栽前3～4天，对拟移栽树进行灌水，要灌足灌透，使根系能充分吸水。也有利于挖掘成球，防止因土过干而散开。

3. 挖大穴，多留根 挖树时要挖大穴，在距主干1～1.5米处开挖，因树体大小而异，要尽量多留根，少伤根，粗根要留长，须根要多。移栽时尽量多保留粗度1厘米以下的须根。也可用挖掘机挖树，但要注意保护好树干和骨干枝不受伤害。

4. 树根喷雾 栽植前剪掉病虫根、劈裂根及断裂根，用生根

剂或生根粉对树根进行多次喷雾,充分保湿,促进生根。

5. 挖定植穴 移栽前1周应挖好定植穴,定植穴直径要比移栽树根系直径大,挖穴时要将表土和底部土分开放,同时将土中的杂质清理干净。

6. 栽植 所栽大树尽量按原来方向栽植,栽树时要扶正。

7. 灌水 栽植后,用脚或比较粗的木棍夯实树盘,然后灌透水。

8. 设立支撑 定植完毕后及时进行树体固定,设立支柱支撑,以防地面土层湿软,大树因自身重量或刮风导致歪斜和倾倒,同时有利于根系生长。

(四)栽后管理

1. 树下覆膜 移栽树填平土后及时覆地膜,以增温保墒,提高成活率。

2. 绑缚草扎 开春及时给树干绑缚草扎,以免阳光灼伤。

3. 树体管理 一是全部疏除树上的花蕾,减少营养消耗;二是生长季结合灌水施入速效肥,移栽后第一年以叶面肥为主,每年喷施3～5次,前期以0.5%尿素溶液为主,后期(6～8月份)以0.4%～0.5%磷酸二氢钾溶液为主;三是防治病虫害,注意叶片保护,确保树体完整,树势健壮。

六、砧木种子采种、沙藏和播种

(一)砧木种类

1. 毛桃 毛桃是我国南北方主要砧木之一,分布在西北、华北、西南等地。小乔木,果实小,有毛,味苦,涩味大,多不能食用。嫁接亲和力强,根系发达,生长旺盛,有较强的抗旱性和耐寒力,适宜南北方的气候和土壤条件，在我国桃产区广泛使用。毛桃由于实生繁殖，种类较多，果实大小不一。核的大小也不一致，较山桃大，长扁圆形，核上有点线相间的沟纹（图 8-9）。

2. 山桃　山桃适于干旱、冷凉气候，不适应南方高温、高湿气候。在我国北方部分山区应用山桃作为砧木与栽培品种嫁接亲和力好。山桃为小乔木，树皮表面光滑，枝条细长，主根大而深，侧根少。与毛桃相比，山桃果实和种核均为圆形，果实不能食用，成熟时干裂。核表面有沟纹和点纹（图 8-9）。主要在陕西、山西、河北等地部分山区使用。近几年来，河北省农林科学院石家庄果树研究所调查发现，在河北省石家庄一带，用抗寒的山桃作砧木时，桃树树体生长健壮，寿命长，不易发生黄化病。但同时也发现，有些山桃类型在平原地区表现抗寒性较差。

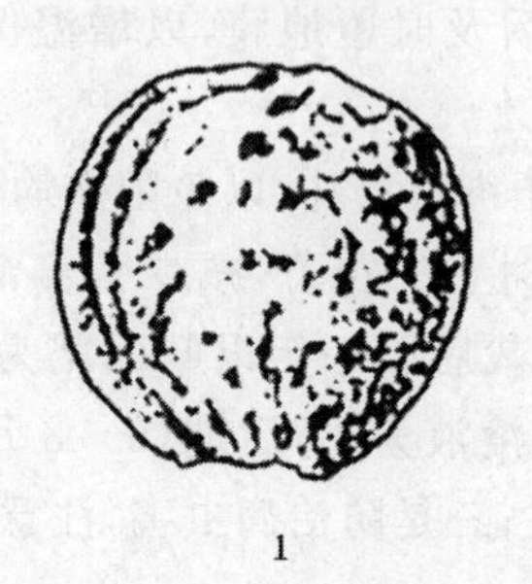
1

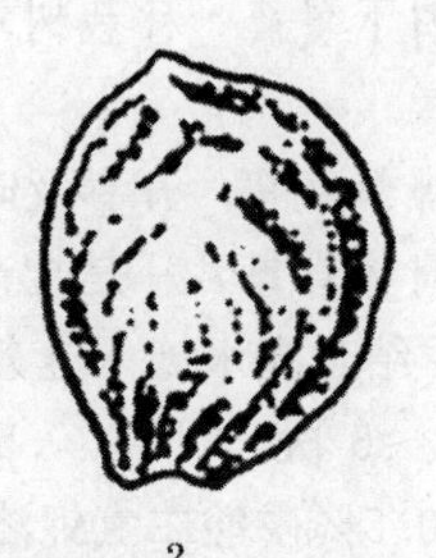
2

图 8-9　山桃与毛桃核的区别

1. 山桃核　2. 毛桃核

（二）采　种

采集充分成熟的果实，除去果肉杂质，洗净种核并阴干。种子纯度在 95％以上，发芽率在 90％以上。

(三)沙　藏

沙藏种子时间一般在 12 月份进行。沙藏前先用水浸泡 2～3 天,湿沙含水率 12%～15%。沙藏时间 100～120 天,温度 2℃～7℃。种子与沙子的体积比例为 1∶4～5。一般将种子与沙的混合物置于沟或坑内。可在房后、不易积水、透气性好的背阴处挖沟或坑,深度不超过 1 米,长和宽依种子多少而定(图 8-10)。秋播的种子不需沙藏。

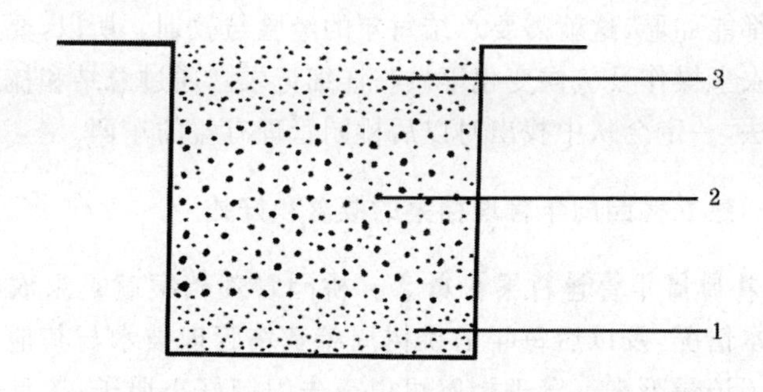

图 8-10　沙藏沟纵剖面示意图

1. 底沙　2. 桃核与沙子的混合物　3. 覆盖的沙子

(四)播　种

秋播一般在 11 月份至土地结冻前进行,种子可不进行沙藏,浸泡 3～5 天便可直接播种。秋天播种必须保证种子质量要纯正,为当年新采集的种子,要确保发芽率达到 95%以上,最好是自己亲自采集的种子。整地和施基肥与春播相同,播种量比春播要稍多一些。播种的方式和深度与春播相同,采用宽窄行沟播法。播种后要灌 1 次透水。

七、周年管理档案的建立

桃树为多年生作物，有生命周期（幼树期、结果初期、盛果期、结果后期和衰老期）和年生长周期（芽膨大期、开花期、展叶期、新梢生长期、坐果与果实生长期、果实成熟期和落叶休眠期），每个时期有不同的生长表现，受品种、砧木、栽培技术和气候条件的影响。果农期望每年桃树高产、优质、效益高，期望树体生长健壮，但不一定每年都能如愿，这就需要总结每年的经验与教训。所以，要对一年来的农事操作及气候变化等做一详细记录。通过总结和梳理每年的做法，一定会从中找出对以后桃园管理有益的东西。

（一）建立桃园周年管理档案的概念和好处

1. 桃园周年管理档案的概念 桃园管理档案就是果农将建园的基本情况，及以后每年的桃树周年栽培管理技术与其他相关因素逐项记录下来。管理档案可以事先编制好小册子，按具体内容和要求逐项填好，每年完成一册，编号保存。开始时，每年结束后总结经验，对记录的内容进行适当调整。一旦确定下来，就要保持其稳定，便于以后进行对比。

2. 建立桃园周年管理档案的好处 桃园管理档案有如下用途：一是作为历史资料积累。二是便于总结生产经验，分析存在问题，有利于翌年进一步做好工作和提高技术水平。三是作为提出任务、制订计划的依据。如果逐年整理总结果园的技术档案，这将有助于果农成为一名理论与实践相结合的成功的技术人员。

果园管理技术档案的记载，有利于使果农养成及时记录、总结和思考的好习惯，学会如何监测自己的果园，如何积累果园技术资料。日积月累，这些资料会慢慢显现出其应有的价值。

(二)桃园管理档案的记录内容

1. 建园基本情况 主要包括面积、品种、苗木来源、质量、砧木、栽植日期、栽植方式、密度、授粉树的配置方式及数量、栽植穴大小、深度、施肥种类、数量、土壤深度、理化性状及土壤差异分布、栽后主要管理措施、成活率、补栽情况及幼树安全越冬情况等。

2. 物候期 主要包括萌芽期、初花期、盛花期、果实着色、果实成熟、落叶期等。

3. 果园管理情况 包括整形修剪、土肥水管理、花果管理、病虫害防治等主要栽培技术、实施日期及实施后效果。

病虫害防治可以记录桃园病虫害种类、发生时间、分布情况、消长规律、每次喷药的时间、药剂种类、使用浓度、防治效果、药剂的不良反应、天气情况等。其他的管理技术同样如此。

4. 主要气象资料及灾害性天气记录 包括气温、地温、降雨等。灾害性天气包括低温冻害、雪灾、霜冻、冰雹、大暴雨、旱、涝、干热风等。

5. 果品产量、质量(分级类别、销售数量等)与价格 包括每667米^{2}的产量、总产量和病虫果所占比例。不同级别果实所占比例及销售价格和销售地点等。

6. 人力物力投入情况 包括单项技术成本核算和综合的投入与产出的分析等。

7. 其他方面 包括平时的一些想法、工作体会、经验教训，以及生产中出现的一些不正常现象如药害等。

第九章　设施栽培

设施栽培是利用冬季休闲时间进行桃树生产的过程，在石家庄地区一般是从 12 月份至翌年 4 月份。桃设施栽培是选用适宜品种，在特定的设施（大棚或温室）中，通过人工控制水、气、光、热等条件，模拟自然环境条件或创造更佳条件，并采取相应的栽培体系，使其原来的年周期生长模式被打破，建立新的年周期生长模式，达到人为提早或延迟成熟及利用设施抵御不良自然灾害影响的目的。桃设施栽培有如下意义：调节市场供应，增加经济效益；改良种植模式，充分利用光能资源、土地资源和人力资源；扩大优良品种的栽培区域。广义的桃设施栽培包括促成（早熟）栽培和延迟（晚熟）栽培，现在以促成栽培为主。

一、设施栽培的主要设施类型

（一）日光温室

我国桃设施栽培应用的温室主要为塑料薄膜日光温室（图 9-1），尤其是近几年推广的高效节能塑料薄膜日光温室，它是桃设施栽培最常见的类型，具有采光好、保温性能强、经久耐用、取材容易、造价较低、可因地制宜等优点。它主要用于桃的促成栽培，一般可使桃提早成熟 40～60 天。

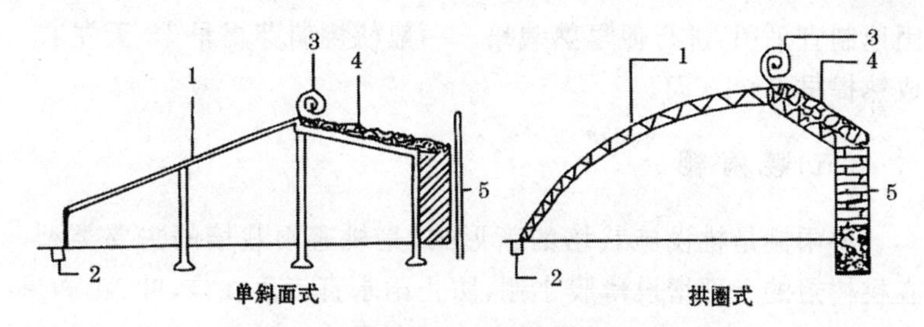

图 9-1　桃树塑料薄膜日光温室结构示意图

1. 前屋面　2. 防寒沟　3. 草苫　4. 后屋面　5. 北墙

(二)加温日光温室

加温日光温室的结构和日光温室相似,只是在温室内部增设暖气、火炉或加温烟道等加温设备。

(三)塑料大棚

塑料大棚完全用塑料薄膜覆盖,一般不加盖其他不透明覆盖物,保温性较差,促成栽培效果不够明显,一般比露地可以提早成熟 15～20 天。在中部及南方高温高湿地区用于桃促成及避雨栽培。优点为光照较日光温室好,投资较少,建造容易,果实品质较好。

(四)塑料小拱棚

塑料小拱棚是桃设施栽培中较简单的设施结构。用长 3 米左右的竹片或紫穗槐条弯成拱形,两端插入地下 20 厘米,竹片或槐条间用 1～3 根绳子等材料拉紧固定,架上覆盖 3 米左右宽的塑料薄膜,上面用压膜线压紧防风。小拱棚跨度一般 1.5 米左右,横跨于桃植株两侧,拱片中间高 80～90 厘米,拱片间距 50～80 厘米。优点是取材方便,投资少,适于经济欠发达地区及资金较少的果农因地制宜采用,进行促早熟栽培。一般使桃萌芽提早 15 天左右,成熟提早 7～10 天。

(五)避 雨 棚

避雨棚是桃设施栽培的新形式,是桃避雨栽培的主要类型。在桃树冠的上部增设薄膜小棚,防止雨水直接落在枝、叶、花和果实上,减少或避免雨水对桃树产生不利影响,减轻病害的发生,减少裂果,提高果实商品性。

二、设施栽培的类型

(一)促早栽培

目前,生产中大部分是以促早成熟为目的,就是利用设施采取相应管理,尽快使桃树进入休眠,或缩短休眠时间,然后创造生长发育所需的光、温、水等条件,使其早发芽、早结果、早成熟、早上市。一般 3 月初至 5 月底上市,比露地栽培提早 40～60 天上市。

(二)延迟栽培

延迟栽培就是通过遮阴、降温(冰墙降温、空调降温)和化学药剂处理等,使桃树处于被迫休眠状态,推迟发芽、开花和果实膨大,最终延迟果实成熟,或在桃果硬核后,通过降低温度,延长果实发育天数。在早霜来临较早的地区,也有通过设施避开霜害,为果实发育创造适宜的条件,达到淡季上市的目的。

(三)避雨栽培

通过避雨棚,为桃树开花、坐果和果实生长发育创造有利的栽培条件,提高产量和品质。

南方早春阴雨低温，影响授粉受精，产量低，而在果实生长期，高温多雨，果实病虫害多，裂果重。通过避雨，可以提高坐果率，改善果实外观质量，达到丰产、优质和高效的目的。

三、品种选择依据及适宜品种

（一）品种选择的依据

1. 设施内的环境条件 设施栽培中，由于设施骨架的遮光，塑料膜等覆盖物对光的吸收、反射和阻挡，光照强度明显比外界自然环境低，且直射光少，散射光偏多，温度和湿度均高于露地条件。所以，设施内特殊的生态环境，要求所选择的品种具有较强的耐弱光性能，在散射光和高温、高湿的环境条件下，能够生长势中庸，正常生长、结果与成熟。

2. 综合性状优良 选择果大、味浓、色艳、丰产的优良品种，但不同地区因气候和市场不同应有所侧重。如偏南边的地区应首先考虑成熟期，即以早熟品种为主，而北方地区选择范围比较大，可考虑品种的果个、风味和贮运性等，利用能较早结束休眠的有利条件，进行规模化种植，同时考虑品种的贮运能力和成熟期搭配。

3. 设施栽培的类型 以促早栽培为目的的设施类型，设施桃应在本地和南方地区的露地桃上市之前成熟，应选择休眠期短的极早熟和早熟品种。河北、山东、河南等地一般选用果实发育期在80天以内的品种，我国北方地区果实发育期可适当延长。不同的桃品种，完成自然休眠的时间各不相同，其范围在500～1 300小时。自然休眠期短的品种，在设施中完成休眠较早，发芽也早，能达到提早成熟、早上市的目的。

以延迟栽培为目的的，应选择晚熟和极晚熟耐贮运品种，以达到延迟成熟，延迟采收，提高效益。以避雨栽培为目的，应选择早中熟、品质优良的品种。

4. 配置授粉树　设施栽培没有昆虫传粉，棚内相对湿度较高，要尽可能选择花粉量大且自花授粉坐果率高的品种，并注意配好授粉树。人工授粉时，一般比例为1∶3～8，授粉品种最好与主栽品种需冷量相同或略短，花粉量大。若采用昆虫授粉时要注意出蛰期与开花期要一致。

5. 市场与消费需求　各地区消费习惯不同，应根据当地的消费习惯，选择消费者喜欢的品种。

（二）适合设施栽培的主要品种

设施栽培主要是促早栽培，主要品种如下。

1. 普通桃　京春、沙子早生、仓方早生、早凤王、雨花露、雪雨露、春艳、春美等。

2. 油桃　丽春、曙光、早红宝石优系、中油5号、中油4号、早红2号、金辉、超红珠、双喜红等。

3. 蟠桃　早露蟠桃、早黄蟠桃、瑞蟠14号等。

四、设施栽培的主要技术

（一）苗木定植

1. 栽植密度　设施栽培是集约化栽培，因此宜采用密植栽培，株行距为1米×1.5米、1米×2米、1.5米×2米、0.8米×2米、1米×2.5米，具体可根据地力、管理水平及整形方式而定。

2. 挖定植沟　日光温室和大棚均按南北行向栽植。定植沟深、宽各为50～60厘米，沟内下半部填表土，上半部填底土，两者均与优质有机肥搅拌。施入腐熟有机肥5 000千克/667米^2。填好定植沟后，最好灌1次透水，将沟内土壤沉实方可栽苗。

3. 苗木准备 应选用一级苗木，苗木粗壮，芽饱满，根系发达。

4. 苗木处理 对于长途运输买入的苗木，栽植前应修剪根系和用水浸泡，使苗木吸足水。将苗木在1%硫酸铜溶液中浸5分钟，再放到2%石灰液中浸2分钟。也可用K 84生物药剂处理。

5. 栽植时期 芽苗和成品苗均以秋栽为宜。秋栽挖苗时的伤根愈合快，并能长出新根，翌年春季发芽早，比春栽生长快，生长量大，提早结果。

(二)整形修剪技术

1. 树形 适宜树形为二主枝开心形和主干形。一般近日光温室的南端和大棚的东西边缘采用开心形，其他位置采用主干形。

(1)二主枝开心形("Y"字形) 因为棚内株行距较小，常采用两个主枝的开心形即"Y"字形。

主干高30厘米。芽苗生长到40～50厘米时摘心，选留生长健壮、东西向延伸、长势相近的两个新梢作主枝培养，主枝角度40°。主梢40～50厘米时摘心，促发二次枝。第一年冬剪时，在长约80厘米处选饱满芽短截，使延长枝的枝头能旺盛生长。距树干30～35厘米处选一健壮枝作为第一侧枝或第一个大的结果枝组，留4～5个芽重短截，促发旺枝，其余枝轻剪，使其结果。第一侧枝的伸展方向要和另一主枝上的侧枝错开，即一个向南，一个向北。第二侧枝距第一侧枝30～35厘米，方位与第一侧枝相对。

(2)主干形 整形过程与露地栽培的主干形基本相同，但其高度较低，为1.2～1.5米，依在设施内的不同位置而异。

2. 修剪技术

(1)覆膜升温前的修剪 疏除扰乱树形的大枝，调整主枝角度。为保证翌年有较高产量，采用长枝修剪技术尽量多留枝。疏除或拉平背上中、长果枝，长放中、长果枝，疏除无花枝、病虫枝、过密枝和重叠枝。

(2)覆膜期间的修剪　由于设施内高温多湿，萌芽率明显提高，应防止新梢徒长。萌芽时及时抹去位置不当、过密的萌芽和嫩梢。坐果后，新梢长至10厘米时，喷15%多效唑300倍液，或长到20厘米时反复摘心，疏除下垂枝、过密枝和无果枝。

(3)去膜后修剪　桃树采果后，对结果枝进行短截修剪，促发新的结果枝。一般在结果枝基部留2～3个芽短截。疏去大的结果枝组，并保留30厘米左右的新梢2～3个。更新修剪后极易发生上强现象，导致结果部位外移，应及时疏除上强部位的竞争枝及过密枝。

(三)土肥水管理

1. 土壤管理　设施栽培条件下，土壤温度较低，吸收能力较差，而深翻扩畦可为根系创造一个土层深厚、土质疏松肥沃的土壤条件，是设施桃稳产和优质栽培的基础。

(1)深翻　深翻时期以秋季为宜，并可结合秋施基肥进行。深翻一般在定植沟以外，宽40厘米、深40～50厘米即可，经2～3年可将行间全部深翻。

(2)中耕　设施内一般铺设地膜，透气性差，通过中耕，可以增加土壤通透性，有利于根系活动。中耕深度一般为5～10厘米，多在灌水后进行。

2. 施　肥

(1)施肥种类　有机肥料包括人粪尿、鸡(猪、牛、马、羊)粪、绿肥、草木灰以及各种饼肥，主要用作基肥。无机肥料有氮、磷、钾及其他元素的化学肥料，常用作追肥。设施栽培主要施入有机肥料，尽量不施或少施化肥，尤其是氮肥。

(2)施肥时期

①基肥：应在9月上旬施入为宜，因为此时正值根系的第二

个生长高峰。

②追肥：一是升温前。如果秋施基肥不足，可以再追施复合肥。二是硬核前。新梢生长与果实生长同步进行，如果养分不足，影响幼果与果核生长，产生落果。追施磷、钾肥，促进胚和核的发育。可采用叶面喷施，1 周后再喷 1 次。此期不宜施肥量太大，尤其是不宜施过量氮肥，因其易刺激新梢旺长，造成落果。三是果实膨大期。以钾肥为主，配合追施氮肥，增进果实品质。如果有机肥施入量多，可以不施氮肥。

(3)施肥量　下面的施肥量仅供参考。基肥每 667 米^2 施优质有机肥(鸡粪或与其他肥料混合施)8 000～12 000 千克，另加入过磷酸钙 100 千克、硼砂 3 千克、硫酸亚铁 4 千克。追肥在花前每 667 米^2 施尿素 15 千克或不施，硬核期每 667 米^2 施三元复合肥 25～30 千克(氮∶磷∶钾＝1∶1∶2)，果实膨大期施钾肥 100 千克左右。

(4)施肥方法　基肥采用沟施法。在树冠投影边缘(行施)挖深 40 厘米、宽 40 厘米的沟，将充分腐熟的有机肥与土混合后填入沟内，然后覆土并灌水。

追肥可采用沟施(沟深 10～20 厘米，施后覆土)和穴施(在树冠投影内挖数个穴)。追肥后立即灌水。从幼果膨大至果实成熟期间，每隔 10 天喷 1 次 0.3％磷酸二氢钾溶液。

3. 灌水与排水　灌水应依据各个物候期对水分的要求，结合土壤条件和施肥来确定，一般有 5～6 次。

升温前设施内灌 1 次水。以后分别为萌芽期、硬核期、果实第二次膨大期、采收后(根据干旱情况而定)和封冻水。采取少量多次的方法均衡灌水，可防止枝条徒长和果实裂果，且有利于果实着色。每次施肥后要进行灌水。果实采收前 7～10 天禁止灌水，果实成熟期间，土壤含水量应控制在 60％～80％，否则品质下降。尤其是油桃品种要注意水分均衡供应，勿用大水，以防裂果。桃树怕涝，雨季必须注意及时排水。

（四）温、湿度要求与调控

1. 温度要求与调控　通过加盖不透明覆盖材料为设施保温。通风换气为设施降温。

（1）空气温度

①反保温期：在石家庄地区，11 月上中旬开始扣棚，白天盖草苫，晚上卷起并打开通风口，保证棚内温度小于 7℃，经 1～1.5 个月，可通过自然休眠。

②扣棚升温至开花前：一般在河北省石家庄地区，需冷量 800 小时的桃品种通过休眠的时间为翌年 1 月 5 日，在河北省东北部地区为 12 月底。如果进行了反保温处理，可在 12 月中旬通过休眠。也就是说，如果经过反保温处理，升温的时间为 12 月上中旬；如果没有进行处理，一般在翌年 1 月上旬进行升温。此时期的温度关系花芽能否正常膨大萌动、花粉粒能否形成、开花是否正常、坐果率是否高。如果此时温度过高，将会导致物候期进程太快，不能形成正常花粉粒，花粉减少或无花粉，生活力降低，花小，柱头和子房发育不完全，坐果率低，导致“花而不实”，开花不齐，花期长，且先长叶后开花。

升温初期常分为 3 个阶段。

第一阶段是白天只拉起少量草苫，掀起部分草苫前沿，设施内透过少量日光进行升温。室温保持在白天 13℃～15℃，夜间 6℃～8℃，不低于 0℃，持续 5～7 天。

第二阶段是多拉起一些草苫，全部掀起草苫前沿，室温保持在白天 16℃～18℃，夜间 7℃～10℃，持续 5～7 天。

第三阶段是拉起多数草苫，经常打开天窗排湿、降温。室温保持在白天 20℃～25℃，夜间 7℃～10℃，直到桃开花为止，持续 20 天左右。

无保温的塑料大棚升温时间在2月中旬左右。升温后的温、湿度调控基本同日光温室。

③开花期：开花期对温度较严格。一般要求最适温度白天为15℃～20℃，最好是18℃，最多不高于25℃，比较有利于蜜蜂活动。如果超过22℃就要通风降温，夜间温度为8℃～10℃，不低于5℃。如果温度不足，花粉管生长慢，到达胚囊前，胚囊已失去受精能力。温度过低，会造成花器低温伤害。温度过高，可育花粉减少，影响授粉和坐果；也会导致柱头干枯快，影响授粉受精和坐果率。此期应注意天气预报，加强夜间保温。

④果实发育期：幼果期温度一般白天22℃～24℃、夜间10℃～15℃。从果实着色期开始，温度白天控制在26℃左右，最高不超过28℃，夜温10℃～14℃，不低于8℃，昼夜温差保持10℃～15℃。对于不易着色的品种，采前10天到采收期，温度白天24℃～25℃，夜间8℃～12℃，温差保持15℃为宜，以免果实尚未着色就过早变软。此期主要防止白天温度过高而引起新梢徒长、果实落果加重及果实生理障碍。

果实成熟前露地气温已经较高，可以采用晚放苫或不放苫或夜间加大通风量等方法降低夜温，外界夜温稳定在10℃以上时，及时撤除棚膜。降低夜温和保持一定的昼夜温差，有利于减少呼吸消耗，更多积累糖分，促进果实着色。

注意阴天时也要揭开草苫，遇到连阴天要辅助加温和光照。

(2)土壤温度　土壤温度在0℃以上根系就能顺利地吸收并同化氮素，15℃～20℃是桃根系生长最适宜的温度。设施栽培前期，空气温度上升快，为5℃～10℃，需提高地温以达到根系生长和开花长叶的平衡；否则，出现萌芽迟缓，不整齐，影响坐果率。因此，覆膜前后加强土壤温度管理，尽快提高地温，使地温和气温协调一致。主要措施是覆膜前20～30天，先充分灌水，然后覆盖地膜。

2. 湿度要求与调控

(1)空气湿度　不同生长发育阶段对设施内空气湿度的要求不同。一般空气相对湿度在始期 75%～85%，萌芽期 70%～80%，开花期 50%～60%，以后小于 60%。控制开花期的湿度很重要，湿度太大，易滋生病菌，发生花腐病，花粉不易散开，影响授粉效果。但湿度过小，柱头分泌物少，也影响花粉发芽。

①降低湿度的方法：设施内湿度过高，可以采用覆盖地膜或覆草，这样既可以减少水分蒸发，又可以提高地温；应减少直接灌水，采用膜下灌水和滴灌技术；还可以通过通风的方法，排出水蒸气，降低室内空气湿度。另外，在病虫害防治方面，改喷雾法为喷粉法。

②增加湿度的方法：如设施内湿度不足，用地面灌水、室内喷雾等方法增加湿度，以保证桃生长发育的需要。

(2)土壤湿度　设施经覆盖后挡住了自然降水，土壤水分完全可以人为调控；另外，由于地面蒸发失水少，土壤湿度相对稳定。设施内主要防止土壤过湿，一般土壤水分保持田间最大持水量的 60%～80%。

(五)光照要求与调控

光照不仅是光合作用的主要能源，还直接影响设施的温度及湿度。白天主要靠太阳给设施内加温，夜间靠覆盖来保温。可采用以下措施增加光照。

1. 选用优质棚膜　选用透光率高的无滴膜，其透光率比有滴膜提高近 20%，设施内温度也提高 2℃～4℃，成熟早，品质好。

2. 滴灌与地膜覆盖相结合　滴灌与地膜覆盖相结合可减少土壤水分蒸发，桃树可得到充足的水分供应，果实发育良好。同时，地膜反光也可以使下部枝叶和果实得到散射光，有利于着色和风味提高。降低了空气湿度，也可减轻病害的发生。

3. 挂反光幕、地面铺反光膜 日光温室后墙张挂反光幕，可以反射照射在墙体上的光线，增加光照25%左右。地面铺反光膜可以反射下部的直射光，有利于树冠中下部叶片的光合作用，增加光合产物，提高果实质量。

4. 连阴雨天补充光照 阴天散射光也有增光、增温作用，需揭苫见光。如阴天持续时间超过3～4天时要补充光照。可采用碘钨灯、灯泡照明。一般每333米^{2}日光温室可均匀挂1000瓦碘钨灯3～4个或100瓦灯泡10～15个进行辅助补光。

5. 正确掌握揭盖草苫的时间 应做到早揭晚盖，尽量延长光照时间，原则上以揭开草苫后室内温度短时间下降1℃～2℃，随后温度即回升比较合适。

6. 其他 培养良好的桃群体结构和适宜的枝叶密度；及时清洗无滴膜上的尘埃和草苫碎屑。

(六)气体要求与调控

1. 对二氧化碳的需求及调控 设施内二氧化碳气体浓度的高低对光合作用的产物有很大影响。大量试验证明，晴天时二氧化碳浓度为1000～1500毫克/升，阴天时为500～1000毫克/升。所以，设施内二氧化碳气体的调控是桃设施栽培的一项关键技术。二氧化碳施入的关键时期是果实膨大期。

增加设施内二氧化碳浓度的方法为：一是通风换气，使设施内气体与外界气体进行交换，二氧化碳浓度恢复到与外界二氧化碳浓度相同的水平。二是增施有机肥料，有机肥料腐烂后分解产生大量二氧化碳，一般1吨有机物最终能释放1.5吨二氧化碳。三是人工增加设施内的二氧化碳浓度。

2. 有害有毒气体及其控制 设施内的有害气体主要有氨气、亚硝酸气体、氯气、二氧化硫、一氧化碳等，这些气体积累到一定浓度将对桃植株造成危害。氨气主要来自所施尿素的分解，氨气进一步分解，导致亚硝酸气体的形成。氯气来自于聚氯乙烯等含氯薄膜材料的挥发。二氧化硫和一氧化碳主要由设施加温时燃料燃烧不充分所形成，或加温设备漏气造成。

设施内有害有毒气体的控制措施：一是要科学施肥。少施化肥，尤其是尿素。施用时要少量多次，施用有机肥要经过充分腐熟。二是注意通风换气。通过通风换气排除设施内的有害气体。三是选用质量较好的薄膜，防止有害气体的挥发。四是温室加温时，保证加温设备通畅、不漏气，燃料充分燃烧。

（七）花果管理

1. 提高坐果率 桃树有花粉的品种均可自花结实。但设施内湿度大，花粉不易散开，又没有天然授粉昆虫进行传粉，需要进行人工授粉。如果是无花粉品种，更要进行人工授粉。

（1）人工授粉

①花粉制备：在主栽品种开花前 1～2 天，采集授粉品种大蕾期的花蕾（俗称大气球花）。把花蕾掰开，用手轻拨，把花药剥到光滑的纸上（如硫酸纸），阴干 24 小时后，花粉粒自动散开。然后装在干净干燥的小瓶里，用塑料袋扎口（有条件的可放在干燥器内），放在冰箱中冷藏备用。与露地基本相同。

②授粉工具：毛笔、铅笔橡皮头、气门芯（用铁丝、铝线或木条穿上，前端反卷）等软质、有弹性又有一定吸附性的物质。

③授粉时间：从初花期至盛花期均可，每天上午和下午均可进行授粉，可连续授粉 5～7 天。

④授粉方法：与露地栽培的桃授粉基本一样。一般点授刚开的花，其柱头上黏液较多，易黏上花粉。但是在设施内由于风力较小，柱头上的黏液不易被吹干。

（2）昆虫授粉 蜜蜂的耐湿性差，趋光性强，会经常向上飞，爬在薄膜上，不访问花朵，不久便会大片死亡。所以，蜜蜂数量要比

露地多，一般每667米^{2}放蜜蜂2箱以上。壁蜂效果比蜜蜂好，设施桃每667米^{2}用壁蜂400头左右。熊蜂采集花粉力强，耐低温和低光照，是设施桃树授粉的最佳选择。试验结果表明，小峰熊蜂对温室桃授粉性能稳定，授粉效率较高。

2. 疏果 盛花后20天左右开始疏果，一般早熟品种，长果枝留3～4个果，中果枝留2～3个果，短果枝留1个果或不留果。疏果方法基本上同露地栽培，每667米^{2}产量控制在2 500～3 000千克。

3. 促进果实着色

(1)套袋 需要套袋的品种，疏果完成后进行果实套袋，成熟前1周去袋。

(2)吊枝、拉枝 从果实着色开始，将结果枝或结果枝组吊起，使原来不能见到光或见光差的果实，均能见到直射光，促进树冠内外果实着色良好。

(3)着色前修剪与摘叶 从果实着色开始，对影响果实着色的新梢进行短截或疏除，摘去遮光的部分叶片，使果实全面着色。可在成熟前10～20天摘掉果实上面的遮光叶片，摘除量为8%～15%。先摘除贴果叶片及距果实5厘米范围内的叶片，5～10天后，再摘除距果实5～10厘米范围内的遮光叶片。摘叶不能太早。摘叶要选择阴天、多云天气或晴天14:30时后温度较低时进行。

(4)张挂与铺反光膜 果实着色期，开始张挂反光膜，地面铺设反光膜，有利于近北侧和树冠下部的果实着色。

(5)果面贴字 在着色前将事先准备好的“福”“禄”“吉”“祥”“恭喜发财”等字样贴在果实上，以提高果实的商品价值。

(八)病虫害防治

1. 设施栽培病虫害的发生特点

(1)发生期提前 设施内温度较高，随着桃树生长发育时期的

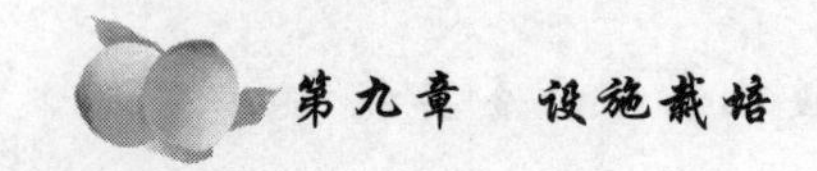

变化，病虫害的发生也随之改变。大部分病虫随着设施内温度的升高而发生或出蛰为害，病虫害发生时间一般比露地提前30～40天。

(2)病害重 设施中的桃树与露地生长的桃树相比，由于光照时间短、强度低、湿度大、湿度常达饱和状态，因此既适合高温、高湿性病害发生，又适合低温、高湿性病害发生。设施栽培桃主要病害有桃细菌性穿孔病、桃树流胶病、桃疮痂病、桃褐腐病等。

(3)虫害有轻有重 桃蚜、山楂叶螨、桃潜叶蛾等为设施栽培桃主要害虫。设施内对某些虫害的发生不利，如潜叶蛾、叶蝉类适宜高温和干旱气候，在设施内一般不会造成大的为害，但在去膜后将会有发生高峰。设施栽培虽适宜食叶害虫生长，但由于在设施内生活期较短，如潜叶蛾、卷叶蛾等只能发生1代。因此，在覆膜期间一般不会造成大的为害。对蚜虫而言，设施内是其适宜生存环境，其越冬卵在花芽膨大时孵化，在花芽或叶芽上为害，繁殖速度快，若防治不及时，可能会造成严重发生。

2. 病虫害综合防治

(1)防治原则 一是坚持"预防为主"。设施内湿度大，光照差，易徒长，抗性差，真菌性病害较多，要注意通风排湿，改善光照条件。二是设施内相对密闭，便于采用烟雾剂，但要注意避免药害发生。三是设施内温度高，通风差，注意使用农药的浓度要略低于露地栽培。四是多施有机肥，增强树势。

(2)防治技术 一是冬剪后，清除枯枝落叶和杂草，创造一个低虫卵、少病原的环境。二是升温至萌芽前，用较高浓度的杀虫和灭菌烟雾剂进行温室消毒或喷5波美度石硫合剂。三是萌芽后至开花前(蕾期)喷施吡虫啉防治蚜虫。四是果实豆粒大小时，喷1次50%多菌灵可湿性粉剂或80%代森锰锌可湿性粉剂600倍液，防治主要病害。

①褐腐病的防治：刚升温后，全树喷石硫合剂15倍液。开花

前 1 周及落花后 10 天左右是防治此病的重要时期，全树喷 50%多菌灵可湿性粉剂 800 倍液+3%多抗霉素水剂 500 倍液，也可用 5%己唑醇乳油 2 000 倍液+65%代森锌可湿性粉剂 500 倍液，或 25%戊唑醇可湿性粉剂 1 500 倍液+70%丙森锌可湿性粉剂 700 倍液、24%腈苯唑悬浮剂 2 500 倍液防治。此外，在灌水后和阴雨天，一定要做好通风排湿工作，以减少病害的发生和传播。

②灰霉病的防治：萌芽后至开花前喷 3%多抗霉素水剂 500 倍液+70%甲基硫菌灵可湿性粉剂 1 000 倍液，或 3%多抗霉素水剂 500 倍液+50%多菌灵可湿性粉剂 800 倍液；落花后 7～10 天全树喷 30%嘧霉·福美双悬浮剂 750 倍液，或 50%异菌脲可湿性粉剂 1 000 倍液或 50%乙烯菌核利可湿性粉剂 1 000 倍液，隔10～15 天喷 1 次，共喷 2～3 次。

③其他：喷施阿维菌素类防治叶螨(山楂红蜘蛛和二斑叶螨)。喷硫酸链霉素或硫酸锌石灰液防治细菌性穿孔病。喷施多菌灵和代森锰锌防治真菌性穿孔病。

(九)桃设施栽培中新技术的应用

1. 打破休眠的方法

(1)低温处理　如进行容器栽培(如花盆或木桶)，在落叶前，提早把容器移至冷库中。开始温度比外界略低，以后逐渐下降，以 5℃～6℃效果最好。低温处理在以色列、意大利、日本等国都有应用。我国目前多用于盆栽观赏桃，也可以用于盆栽桃果春节成熟或一年四季控制成熟。在条件允许的情况下，也可以在温室内放入冰块或用冷气使桃树提前落叶。

(2)干旱和遮荫　秋后干旱控水，可促使休眠期提早结束。在郑州地区 9～10 月份一般雨水少，桃树处于相对干旱的条件下，在正常落叶前 10～20 天扣棚，草苫起到遮光、降温和隔热的作用。前期白天放苫遮光，晚间收苫通风，中后期温度较低时，白天降温，夜间保温，使设施内温度保持在5℃～6℃。在北纬35°偏北地区，10月上旬可进行此项工作，北纬40°地区9月中旬即可进行。

（3）增大日夜温差，促进落叶　增加白天和夜间设施内的温差，也能促进早落叶。规模大的设施桃，可以用冷气来降温。有的采用活动冷管，降温落叶后再移入另一设施中。设施降温后，进入休眠。注意用遮阳网或草苫遮光降温，防止温度回升，引起二次开花。降温时间根据各地气候、树龄不同有所差异，一般在当地正常开始落叶前20天左右进行。

（4）化学药剂处理　化学物质（矿物油、含氮化合物、含硫化合物和植物生长调节剂）可以代替低温打破休眠。尿素加硝酸钾在桃树栽培上能有效地打破休眠。

2. 人工增施二氧化碳气肥技术

（1）采用二氧化碳发生器　设施栽培中二氧化碳气体肥料施用主要采用稀硫酸与碳酸氢铵反应，最终产物二氧化碳直接施用于设施中，同时产生的硫酸铵又可作为化肥施用。此设备可通过反应物投放量控制二氧化碳生成量，二氧化碳产生迅速，产气量大，简便易行，价格适中，应用效果较好，是非常实用的二氧化碳发生装置。

（2）采用二氧化碳简易装置　即在温室内每隔7～8米吊置一个废弃的塑料盆或桶，高度一般为1.5米左右，倒入适量的稀硫酸，随时加入碳酸氢铵释放二氧化碳气体。

（3）施用液体二氧化碳及二氧化碳颗粒气肥　设施桃栽培二氧化碳施用时期一般在幼果膨大期、果实着色期和成熟期。二氧化碳气肥一般在揭帘后30分钟左右开始施用。4月上中旬以后，夜间不覆盖草苫时，一般在日出后1小时后，设施内温度达到20℃以上时开始施用，开始通风前30分钟停止施用。二氧化碳气肥施用浓度应根据天气情况进行调整，晴天温度较高，二氧化碳施用浓度要高些，一般为800～1 200毫克/千克。阴天要低些，一般

为 600 毫克/千克左右。如果是阴天且设施内温度较低，一般不要施用二氧化碳，以免发生二氧化碳中毒。

3. 其他方法 滴灌、电动卷帘技术及多层覆盖技术在桃设施栽培中已开始得到应用。滴灌技术具有节约用水、降低设施内的空气湿度、节约劳力、提高肥效、防止土壤板结和促进桃提早萌芽的优点。电动卷帘技术就是利用电动机带动传动轴进行机械卷帘。电动卷帘不但可以节省劳力，因为其卷帘速度快，还可以延长设施内的光照时间。多层覆盖技术就是利用透明覆盖材料，大棚内扣中棚，中棚内扣小棚，小棚内进行地膜覆盖，利用 2 种以上不透明覆盖材料配合使用。多层覆盖可大大提高设施内的温度，提早桃萌芽、开花和结果，提早成熟上市，提高经济效益。

附录

附录1　桃园周年管理工作历(石家庄地区)

月　份	物候期	主要工作内容
1	休眠期,土壤冻结	1. 冬季修剪(主要指盛果期树,幼树可以推迟) 2. 伤口涂抹保护剂 3. 刮治介壳虫 4. 总结去年的工作,制订当年全园管理计划
2	休眠期,土壤冻结	1. 继续冬季修剪 2. 准备好当年果园用药、肥料等相关农资
3	根系开始活动,下旬花芽膨大	1. 3月上旬仍可进行冬季修剪 2. 清理果园,刮树皮。注意保护害虫的天敌 3. 熬制并喷施石硫合剂 4. 追肥并灌萌芽水 5. 整地、播种、育苗 6. 定植、建园 7. 防治蚜虫 8. 带木质部芽接高接桃树
4	根系活动加强,4月上中旬开花,中下旬展叶,枝条开始生长	1. 防治金龟子 2. 预防花期霜冻。疏花蕾、疏花,采花粉,花期进行人工授粉 3. 播种、育苗 4. 花前和花后防治蚜虫 5. 花后追肥、灌水 6. 红颈天牛幼虫开始活动,人工钩杀 7. 病虫害预测预报 8. 种植绿肥(果园生草,如白三叶草等)

续附录1

月　份	物候期	主要工作内容
5	新梢加速生长，幼果发育，并进入硬核期	1. 疏果，定果，套袋（尤其是中晚熟品种和油桃） 2. 防治蚜虫、卷叶蛾，结合喷药，进行根外追肥，可以喷施0.3%尿素溶液 3. 防治穿孔病、炭疽病、褐腐病、黑星病及梨小食心虫，钩杀红颈天牛幼虫 4. 追肥、灌水，以钾肥为主，配合氮、磷肥 6. 夏季修剪 7. 搞好病虫害预测预报，尤其是食心虫类预测预报
6	上旬极早熟品种成熟，中下旬早熟品种成熟，新梢生长高峰	1. 果实采收 2. 上中旬防治山楂红蜘蛛，整月钩杀红颈天牛幼虫。捕捉红颈天牛成虫 3. 夏季修剪（摘心、疏枝），防果实和枝干日灼 4. 防治椿象、介壳虫、梨小食心虫和桃蛀螟 5. 果实成熟前20天左右追肥，以钾肥为主，施肥后灌水。结合喷药，喷0.3%～0.5%磷酸二氢钾溶液 6. 当年速生苗嫁接
7	新梢旺盛生长，中早熟、中熟品种成熟	1. 果实采收，销售 2. 夏季修剪（摘心、疏枝和拉枝） 3. 果实成熟前15天追肥，以钾肥为主，施肥后灌水 4. 捕捉红颈天牛成虫，防治桃潜叶蛾、梨小食心虫、桃蛀螟和苹小卷叶蛾 5. 注意排水防涝 6. 雨季来临，注意防治各种病害

续附录 1

月　份	物候期	主要工作内容
8	晚熟品种成熟，新梢开始停止生长	1. 套袋品种果实解袋，晚熟不易着色品种铺反光膜，果实采收，销售 2. 夏季修剪(疏枝，拉枝) 3. 追采后肥(树势弱的树) 4. 苗圃地芽接。大树高接换优 5. 播种毛叶苕子 6. 防治桃潜叶蛾、卷叶蛾、梨小食心虫等，剪除黑蝉为害的枯梢，一并烧毁 7. 注意排水防涝和防治果实病害
9	枝条停止生长，根系生长进入第二个高峰期	1. 秋施基肥，配以氮、磷肥和适量微肥，如铁、锌、镁、钙和锰等 2. 防治椿象等，上中旬主干绑草把或诱虫带，诱集越冬害虫 3. 幼树行间生草 4. 晚熟品种果实采收
10	中下旬开始落叶，养分开始向根系输送，极晚熟品种成熟	1. 施基肥 2. 防治大青叶蝉
11	中旬落叶完毕，开始进入休眠	1. 清除园中杂草、枯枝和落叶 2. 苗木出圃 3. 苗木秋冬栽植 4. 灌封冻水
12	自然休眠期	1. 树干、主枝涂白 2. 清园

附录2　桃无公害病虫防治工作历(石家庄地区)

时　间	生育期	防治对象	防治措施
1～3月份	休眠期至萌芽前	树上及枯枝、落叶和杂草中越冬的病菌、虫源等	1. 新建园时尽可能避免桃、梨等混栽,新种植苗木要去除并烧毁有病虫的苗木,尤其是有根癌病的苗木 2. 冬剪时彻底剪除病枝和僵果,集中烧毁或深埋 3. 早春发芽前彻底刮除树体粗皮、剪锯口周围的死皮,消灭越冬态害虫和病菌。早春出蛰前集中烧毁诱集草把。收集消灭纸箱、水泥纸袋等诱集的茶翅蝽成虫。注意保护害虫的天敌 4. 清除果园内枯枝、落叶和杂草,消灭越冬成虫、蛹、茧和幼虫等 5. 休眠期用硬毛刷,刷掉枝条上的越冬桑白蚧雌虫,并剪除受害枝条,一同烧毁 6. 保护好大的剪锯口,并涂伤口保护剂 7. 树干大枝涂白,预防日灼、冻害,兼杀菌治虫 8. 萌芽前喷3～5波美度石硫合剂
4～5月份	开花、果实第一次膨大期、新梢旺盛生长	蚜虫、椿象类(绿盲蝽和茶翅蝽)、梨小食心虫、卷叶蛾、桑白蚧、螨类(山楂红蜘蛛等)、金龟子(苹毛金龟子和黑绒金龟子)等虫害 炭疽病、疮痂病、细菌性穿孔病等病害	1. 加强综合管理,增强树势,提高抗病能力 2. 改善果园生态环境,地面覆盖秸秆、地面覆膜、科学施肥等措施抑制或减少病虫害发生 3. 果园生草和覆盖。种植驱虫作物或诱虫作物(种植向日葵诱杀桃蛀螟,种香菜、芹菜可诱杀茶翅蝽) 4. 刚定植的幼树,应进行套袋,直到黑绒金龟子成虫为害期过后及时去掉套袋。地面施药,控制潜土成虫,常用药剂有5%辛硫磷颗粒剂,每667米^{2}撒施3千克 5. 花前或花后喷吡虫啉防治蚜虫。一般掌握喷药及时细致、周到,不漏树、不漏枝,1次即可控制 6. 苹毛金龟子成虫在花期为害较大,在树下铺塑料布,早晨或傍晚人工敲击树干,使成虫落于塑料布上,然后集中杀死

续附录 2

时　间	生育期	防治对象	防治措施
4～5月份	开花、果实第一次膨大期、新梢旺盛生长	蚜虫、椿象类（绿盲蝽和茶翅蝽）、梨小食心虫、卷叶蛾、桑白蚧、螨类（山楂红蜘蛛等）、金龟子（苹毛金龟子和黑绒金龟子）等虫害 炭疽病、疮痂病、细菌性穿孔病等病害	7. 花后 15 天左右，喷施蚧杀特防治桑白蚧 8. 展叶后每 10～15 天喷 1 次代森锰锌或硫酸锌石灰液、甲基硫菌灵、戊唑醇、苯醚甲环唑，防治细菌性穿孔病、疮痂病、炭疽病和褐腐病等 9. 黑光灯诱杀。常用 20 瓦或 40 瓦的黑光灯管做光源，在灯管下接一个水盆或一个大广口瓶，瓶中放些毒药，以杀死掉进的害虫。此法可诱杀许多害虫，如桃蛀螟、卷叶蛾、金龟子等 10. 糖醋液诱杀。梨小食心虫、卷叶蛾、桃蛀螟、红颈天牛等对糖醋液有趋性，可利用该习性进行诱杀。将糖醋液盛在水碗或水罐内即制成诱捕器，将其挂在树上，每天或隔天清除死虫，并补足糖醋液，配方为糖 5 份、酒 5 份、醋 20 份、水 80 份。目前，诱杀梨小食心虫较好的配方是绵白糖、乙酸（分析纯）、无水乙醇（分析纯）及自来水的比例为 3：1：3：80 11. 性诱剂预报和诱杀。利用性外激素进行预报并诱杀梨小食心虫、卷叶蛾、红颈天牛、桃潜叶蛾等 12. 5 月上中旬喷 35%氯虫苯甲酰胺水分散粒剂 7000～10000 倍液、25%灭幼脲 3 号悬浮剂 1500 倍液、2%甲维盐微乳油 3000 倍液、20%杀脲灵乳油 8000～10000 倍液、2.5%高效氯氟氰菊酯乳油 3000 倍液，防治梨小食心虫、椿象（绿盲蝽和茶翅蝽）、桑白蚧和潜叶蛾 13. 及时剪除梨小食心虫为害的新梢、桃缩叶病病叶和病梢、局部发生桃瘤蚜为害的树梢、黑蝉产卵的枯死梢等一并烧掉。挖除红颈天牛幼虫。人工刮除腐烂病，用 843 康复剂 5～10 倍液涂抹病疤。利用茶翅蝽成虫出蛰后在墙壁上爬行的习性进行人工捕捉 14. 保护和利用天敌，如红点唇瓢虫、黑缘红瓢虫、七星瓢虫、异色瓢虫、龟纹瓢虫、中华草蛉、大草蛉、丽草蛉、小花蝽、捕食螨、蜘蛛和各种寄生蜂、寄生蝇等

续附录 2

时　间	生育期	防治对象	防治措施
6月份至7月上旬	新梢生长高峰、硬核期、早熟品种成熟	螨类、卷叶蛾、红颈天牛、桃蛀螟、梨小食心虫、茶翅蝽、绿吉丁虫等虫害 褐腐病、炭疽病等病害	1. 加强夏季修剪,使树体通风透光 2. 在桃树行间或果园附近,不宜种植烟草、白菜等农作物,以减少蚜虫的夏季繁殖场所 3. 人工捕捉红颈天牛。红颈天牛成虫产卵前,在主干基部涂白,防止成虫产卵。产卵盛期至幼虫孵化期,在主干上喷施氯氰菊酯乳油。人工挖其幼虫 4. 喷施阿维菌素,防治山楂叶螨和二斑叶螨 5. 每10～15天喷杀菌剂1次,防治褐腐病、炭疽病等。可选用戊唑醇、苯醚甲环唑、甲基硫菌灵、代森锰锌等 6. 利用性诱剂预报和诱杀桃蛀螟、梨小食心虫、桃小食心虫等,在预报的基础上,进行化学防治,可喷施35%氯虫苯甲酰胺水分散粒剂7 000～10 000倍液、25%灭幼脲3号悬浮剂1 500倍液、2%甲维盐微乳油3 000倍液、48%毒死蜱乳油1 500倍液等。及时剪除梨小食心虫为害的桃梢 7. 6月上旬,及时剪除茶翅蝽的卵块并捕杀初孵若虫 8. 当绿吉丁虫幼虫为害时,其树皮变黑,用刀将皮下幼虫挖出 9. 已进入旺盛生长季节,易发生缺素症,可进行根外喷肥,补充所需营养 10. 保护和利用各种天敌资源

续附录 2

时　间	生育期	防治对象	防治措施
7月中下旬	中熟品种成熟、果实成熟期	梨小食心虫、白星花金龟子、黑蝉、红颈天牛等虫害	1. 适时夏剪,改善树体结构,通风透光。及时摘除病果,减少传染源 2. 利用白星花金龟子成虫的假死性,于清早或傍晚,在树下铺塑料布,摇动树体,捕杀成虫。利用其趋光性,夜晚在地头或行间点火,使金龟子向火光集中,坠火而死。利用其趋化性,挂糖醋液瓶或烂果,诱集成虫,然后收集杀死 3. 及时剪除黑蝉产卵枯死梢。发现有吐丝缀叶者,及时剪除,消灭正在为害的卷叶蛾幼虫 4. 利用性诱剂预报和诱杀梨小食心虫,在预报的基础上,可喷施甲维盐和毒死蜱等进行化学防治。及时剪除梨小食心虫为害桃梢 5. 人工挖除红颈天牛幼虫 6. 在果实成熟期内不喷任何杀虫和杀菌剂
8～10月份	晚熟品种成熟、枝条停止生长、养分回流到根系	梨小食心虫、红颈天牛、潜叶蛾、茶翅蝽、大青叶蝉等虫害 疮痂病等病害	1. 在进行预报的基础上,防治梨小食心虫。在树干束草诱集越冬梨小食心虫的幼虫 2. 喷氯氰菊酯和灭幼脲 3 号防治潜叶蛾和一点叶蝉 3. 人工挖除红颈天牛幼虫 4. 在大青叶蝉发生严重地区,进行灯光诱杀 5. 8月下旬后在主枝上绑草把,诱集越冬的成虫和幼虫 6. 茶翅蝽有群集越冬的习性,秋季在果园附近空房内,将纸箱、水泥纸袋等折叠后挂在墙上,能诱集大量成虫在其中越冬。或在秋冬傍晚于果园房前屋后、向阳面墙面捕杀茶翅蝽越冬成虫 7. 结合施有机肥,深翻树盘,消灭部分越冬害虫。加入适量微量元素(如铁、钙、硼、锌、镁和锰等),防治缺素症发生

续附录 2

时　间	生育期	防治对象	防治措施
11～12月份	落叶、进入休眠期	树上越冬病原和虫	落叶后树干、大枝涂白，防止日灼、冻害，兼杀菌治虫。涂白剂配制方法为生石灰 12 千克、食盐 2～2.5 千克、大豆汁 0.5 升、水 36 升

注：农药的使用浓度请参照说明书。

主要参考文献

[1] 汪祖华,庄恩及. 中国果树志——桃卷[M]. 北京:中国林业出版社,2001.

[2] 郗荣庭. 果树栽培学总论[M]. 北京:中国农业出版社,2000.

[3] 马之胜,贾云云,王亚秋. 桃优良品种及无公害栽培技术[M]. 北京:中国农业出版社,2003.

[4] 马之胜,朱更瑞,贾云云,等. 桃病虫害防治彩色图说[M]. 北京:中国农业出版社,2000.

[5] 马之胜,贾云云,王越辉,等. 无公害桃安全生产手册[M]. 北京:中国农业出版社,2008.

[6] 马之胜,贾云云,王越辉,等. 桃安全生产技术指南[M]. 北京:中国农业出版社,2012.

[7] 冯建国. 无公害果品生产技术[M]. 北京:金盾出版社,2000.

[8] 周慧文. 桃树丰产栽培[M]. 北京:金盾出版社,2003.

[9] 朱更瑞,方伟超,王力荣,等. 优质油桃无公害丰产栽培[M]. 北京:科学技术文献出版社,2005.

[10] 贾小红,黄元仿,徐建堂. 有机肥料加工与施用[M]. 北京:化学工业出版社,2003.

[11] 傅耕夫,段良骅. 桃树整形修剪[M]. 北京:中国农业出版社,1995.

[12] 薛坚清. 森林害虫预测预报方法[M]. 北京:中国林业出版社,1992.

[13] 姜全,俞明亮,张帆,等. 种桃技术100问[M]. 北京:

中国农业出版社，2009.

［14］ 郭继英，姜全，赵剑波，等．中熟油桃新品种‘瑞光美玉’[J]. 园艺学报，2009，36 (7)：1083.

［15］ 郭继英，姜全，赵剑波，等．极晚熟蟠桃新品种‘瑞蟠21号’[J]．园艺学报，2007(5)：1330-1341.

［16］ 王志强，刘淑娥，牛良，等．油桃新品种——中油桃11号的选育[J]. 果树学报，2010，27(5)：848-849.

［17］ 王志强，刘淑娥，牛良，等．早熟油桃新品种——中油桃10号的选育[J]. 果树学报，2008，25(1)：132-133.

［18］ 朱更瑞，王力荣，方伟超，等．早熟油桃品种‘双喜红’[J]. 园艺学报，2004，31(2)：75.

［19］ 马瑞娟，俞明亮，杜平，等．早中熟耐贮运桃新品种‘霞脆’[J]. 园艺学报，2004，31(4)：557.

［20］ 黄显淦，冯玉宁．果园绿肥毛叶苕子简介[J]. 果农之友，2002(1)：39-40.